[西] 贝戈尼亚·阿贝乔·卡斯特里洛

[西] 卡洛斯·加西亚·费尔南德斯 / 编

张 涛 / 译

传统建筑材料细部构造

BUILDING ON TRADITION

广西师范大学出版社

· 桂林 ·

images
Publishing

图书在版编目(CIP)数据

传统建筑材料细部构造 / (西)贝戈尼亚·阿贝乔·卡斯特里洛,
(西)卡洛斯·加西亚·费尔南德斯编;张涛译. — 桂林:广西师
范大学出版社,2020.6
　ISBN 978-7-5598-2426-4

　Ⅰ.①传… Ⅱ.①贝… ②卡… ③张… Ⅲ.①建筑材料 ②建筑
构造 Ⅳ.① TU5 ② TU22

　中国版本图书馆 CIP 数据核字 (2019) 第 263777 号

责任编辑:冯晓旭
助理编辑:杨子玉
装帧设计:吴　迪
广西师范大学出版社出版发行

(广西桂林市五里店路 9 号　　邮政编码:541004)
(网址:http://www.bbtpress.com)
出版人:黄轩庄
全国新华书店经销
销售热线:021-65200318　021-31260822-898
恒美印务(广州)有限公司印刷
(广州市南沙区环市大道南路 334 号　邮政编码:511458)
开本:889mm×1 194mm　　　1/16
印张:16.25　　　　　　　字数:148 千字
2020 年 6 月第 1 版　　　2020 年 6 月第 1 次印刷
定价:258.00 元

如发现印装质量问题,影响阅读,请与出版社发行部门联系调换。

目录

贝戈尼亚·阿贝乔·卡斯特里洛（Begoña de Abajo Castrillo）

贝戈尼亚·阿贝乔·卡斯特里洛拥有纽约哥伦比亚大学
（Columbia University）的硕士学位，后来又以优异的成绩
从马德里理工大学建筑学院（ETSAM）毕业，获得了"学
校研究奖"（School End of Studies Prize）。学生时代，贝
戈尼亚·阿贝乔·卡斯特里洛曾与多家建筑事务所合作，
后来成为福斯特建筑事务所（Foster+Partners）马德里工
作组的一员。目前，他是马德里理工大学建筑学院建筑工
程系的研究员。同时，他也是罗/德巴乔加西亚建筑事务所
（RAW/deAbajoGarcia）的负责人和联合创始人。

卡洛斯·加西亚·费尔南德斯（Carlos García Fernández）

卡洛斯·加西亚·费尔南德斯是纽约哥伦比亚大学的建筑
学博士，也曾就读于荷兰代尔夫特理工大学（TU Delft）。
卡洛斯·加西亚·费尔南德斯作为一名独立建筑师，独自
或与同事合作，多次在设计大赛中获奖。他曾是罗马西班
牙学院（Spanish Academy in Rome）的学者和东京庆应义
塾大学（Keio University in Tokyo）的研究员。他还是罗/德
巴乔加西亚建筑事务所的负责人和联合创始人。

从材料样本到建造过程

本书经过调查研究收录了各大洲不同类型的、风格迥异的建筑设计案例，是展现传统建筑材料的创新与应用的作品集。这些建筑在建造过程中均采用了传统的建筑材料。建筑师在设计的过程中，使传统材料获得了新生，并打造出具有艺术效果的建筑形象。

本书根据传统建筑材料的类别，将丰富多样的设计案例进行划分，同时与建筑在建造过程中所采用的其他材料形成呼应。如今，新技术正在改变建筑师使用材料的方式——从传统或本土的手工制品到工业化的产品，他们开始了解创新技术带来的诸多改变，并试图通过这些技术让建筑变得更加完美。

为了帮助读者理解本书想要呈现的观点，首先，我们要遵循一个拆分原则——将建筑分解成更小的组件或样本，但并不排斥包含一些特殊材料；其次，我们要进一步确定建筑师是如何将各个元素组合到一起，进而创造出更庞大的实体。建筑师所采用的材料和其使用方式形成了资料库，这有助于他们理解材料选择，也是设计过程中的一部分，并根据需求和期望实现特定的效果。

一直以来，创建素材汇编或资料库都是艺术家们的常用做法。其中最具代表性的是卡尔·安德烈（Carl André）的"可用素材列表"[1]和理查德·塞拉（Richard Serra）的"动词列表"[2]。在卡尔·安德烈的"可用素材列表"中，作者将一系列素材列在两个图表中，标注名称并加以解释。这些常用的素材配以

图片，能够匹配市场上的各种工业成品。通过这种方式，艺术家们可以将各种素材区分开来，并且运用到自己的作品中。理查德·塞拉的"动词列表"则汇编了一系列材料处理方式。这些处理方式的对象是假定环境中的元素或未命名的材料。

在以上两个例子中，列表都经过了精心的设计，所包含的材料可以在一定程度上被自由使用，进而增强了列表的工具性和开放性。在安德烈的例子中，列表中列出了材料，但没有说明可以对材料采用的处理方式；而塞拉的列表中包含了可采用的处理方式，但缺少特定的应用对象。这些列表能够将艺术家的意图清晰地展现出来，即整理、收集现有的处理方式，将材料分类，然后再将它们应用到自己的项目中。但他们二人的列表对材料的处理方式的表述有所不同：在塞拉的例子中，他将材料的处理置于对象之上；而在安德烈的例子中，却正好相反。

阅读本书收录的设计作品，读者可以了解建筑的材料样本以及它们是如何通过组织、排序组合在一起，进而形成完整的建筑学阐述的。在这种情况下，系统化或是一致化，可以将现有材料与处理方式在管理和使用过程中，通过有意的构建形成一种秩序。从历史上看，传统秩序将一定数量的事物以特定的方式组合到一起，从而完成创作；现代秩序中所提及的方位，可以理解为某物相对于参照系的精确位置；而当代秩序的核心是布局——它不同于将构建整体的每个部分进行配置。那些部分单一，同时也不可移动。通过布局

---

[1] 早在1984年，在位于杜塞尔多夫的康拉德·菲舍尔画廊举办的一个展览的邀请卡上，艺术家们就选用了这个可用素材列表。

[2] 动词列表收录于《动词列表汇编：与自身有关的行动》（Verb List Compilation: Actions to Relate to Oneself），1967—1968。该列表首次发表在1971年的《雪崩》（Avalanche）杂志上，现收藏于纽约现代美术馆（MoMA）。

平清公寓外墙体

传统建筑材料细部构造

来设计与通过配置来设计不同，它是一个系统的思维分析过程——将建筑设计理解为解决元素、装配、组织等方面的难题的过程。在架构过程中，建筑师采用多种方式组合材料，替代单一的组合与分割方式。因此在组合之前，建筑师有必要预先分析和了解将要使用的部件或材料。

在当代建筑师的作品中，我们可以识别出多种材料组合方式。建筑师在处理一组部件或材料样本时，会对它们进行分组或分类，建立一种特定的结构方式，从而在它们之间建立某种联系，这就涉及与其他建筑元素的对应。定位意味着建立关系，重要的是，一方面，如何定义一个部分与其他部分相关联的标准；另一方面，如何识别要依据的参数或概念，并建立通用标准。因此，进行项目分析时，我们能够得到的结论是采用什么样的处理方式才能系统地将各部分材料关联起来，以及如何根据不同准则将它们组合在一起，构成建筑主体。我们的目的是确定这些系统背后的设计过程，以便更好地理解当今传统建筑材料的使用存在着无限的可能。

我们试着确定不同材料是如何变换形态的，以便创建一个类似于安德烈的"可用素材列表"的列表，列出单元或最小的元素，然后从本书的项目中提取这些内容。因为生成的列表可能会无穷无尽，所以本书选择了主要传统材料："砖""石头""金属""木材"。在建造过程中，材料的使用方式可以通过其构造和作用来确定——既取决于元素的形式，又取决于建筑师想要得到的结果或效果，同时还定义了一系列操作，可以与这些材料结合起来。这些操作包括"分离""抵消""堆叠""删除""重叠"和"穿孔"。我们还可以分析材料属性以及建造过程中相关操

作所产生的效果。这些效果包括"纹理""阴影""不规则""移动""连续性"或"过滤"，等等。

本书以项目作为实例来说明不同材料如何在相似的部件或构造组件中进行变换，以及相关的部件、操作和效果之间的关系。

块材

许多项目在设计中使用块材作为最小的材料单元。块材通常是实体并具有自支撑特性，可以在重力的作用下，自底部向上摆放，也可以用水泥或黏合剂进行粘接。利用相邻块材的不同连接方式，可以创造出不同的空间效果。

在本书案例"半清公寓"中，不同陶土砖的组合形成了有纹理的立面，并起到了自然通风的效果。每一个独立元素都与毗邻的元素相连，水平的结构线将相同类型的组合分隔开来，这些结构线区分出多个部分，并在立面上形成不同的明暗和纹理效果。

"KS公寓"也采用了相似的结构，只是在这个实例中，陶土砖是根据隐私需要、气温控制以及自然通风的需求进行堆砌的。砖的等距偏移形成等距的格栅，产生了均匀的半透明效果。

"沃里克街"这个设计案例也是通过砖的错位排列形成建筑立面的——立面交替使用有色陶土块，并涂上清漆；陶土块彼此相连，在立柱上形成了充满活力的纹理效果。

在"团结之家"中，设计师在建造过程中采用了BIM模型设计来控制立面的纹理。其立面图案是将砖旋转到7个不同位置后形成的——被旋转之后的砖在立面

上产生了波浪般的效果，最后借助光影变化给陶土墙壁带来纹理效果。

"圣达菲基金会大楼"在砖的使用上采用了另外一种形式，其立面所使用的砖的大小不同。砖墙通过钢筋的张力支撑，形成渗透和过滤效果，改变了前面所有案例中依据重力进行排列的逻辑。

可用的块材并不只有陶土材料，本书中也有一些案例采用了天然石材。"华亚坎酒店"就很好地展示了当代石材的不同处理方式。该项目以石材为主要元素。其墙体是由混凝土和火山岩建造的，建筑师用不规则的石材组成连续而统一的墙面。在施工过程中，当地工人采用了传统技术，应用现有材料，建造出现代主义风格的建筑。

棒材

本书中有几个项目采用了"棒材"元素，主要出现在"木材"分类下。这种材料主要应用于建造建筑外立面的格栅。棒材的长度会比其他材料长很多，所以在建造墙面、控制不同元素的偏移量时，需要附加其他结构，将所有棒材连接起来，进而形成不同的效果。

"伊凯斯特之心"室内和室外都采用了木质格栅，与建筑和周围环境相融合，同时在室内形成温暖的氛围。木质棒材在不同的气候条件下会表现出不同特性，如在自然气候条件下会氧化成古铜色。

"伊维萨岛酒店"也是使用棒材来建造建筑立面的。其立面上覆盖的幕墙，采用了铝芯和树脂基层的复合棒材，这种棒材的长度更长，可以让建筑的外观看起来更为轻盈，同时将幕墙后面的入口隐藏起来。

还有一个使用棒材作为主要建筑元素的项目是泰国的"农作物办公大楼"，其外墙上覆盖着的百叶窗，是对传统木质格栅的重新诠释。这种铝制的人造材料，经过表面处理，呈现出木材一般的质地。

板材

"板材"是一种平面元素，其厚度可以忽略不计。板材在同一个维度上的尺寸会比其他材料的尺寸大很多。我们可以发现本书案例中的板材有木质的，也有金属的，而固定板材的技术十分相似，与材料本身无关。

"阿肯色州多户住宅"使用了木质板材，雪松幕墙覆盖立面，整个幕墙采用单一材料。在屏风后的出入口的设置上，建筑师既考虑了视野因素，又提高了围护结构的能源效率。木质格栅间隔布置，使光线透过格栅，在不同类型的窗户上形成各种各样的光影图案。

还有一些以板材元素为主要材料的案例，是用板材建造出连贯的不透明立面。"奥格登中心"便采用了这种形式——落叶松木板元素呈对角线布置，增强了建筑的动态效果。

"斯坦哈特自然历史博物馆"与"奥格登中心"类似，立面采用了木质板材，类似于船的龙骨构造。这个建筑立面的木质板材上覆盖了混凝土和保温层，使整个立面上的不同元素在色彩和纹理上产生了微妙变化，也使建筑富有活力。

"霍尔门水上运动中心"是一座高效节能的建筑。这座建筑使用落叶松木板材将建筑包裹起来，在阳光的照射下形成斑驳的阴影。建筑师用木质板材模拟出夏季环境，冬季时，板材立面又与雪景形成鲜明对比。

伊维萨岛酒店外墙体

中世纪博物馆新门廊外墙体

"社区多功能厅"的深色立面是金属围护结构和一系列木质格栅的结合，在垂直方向上有规律地交替出现。室内的杉木板材构建出一个温暖的内部空间。

厚板材

与"板材"不同，"厚板材"是具有一定厚度的材料，主要用于覆盖其他支撑。

"温州绿轴翡翠文化馆"应用幕墙技术把石材搭建起来，建造了一个光滑的连续平面。石材根据建筑空间的形状切割而成，每一块石材的尺寸完全相同。

另一个案例"布尔根施托克酒店"的立面覆盖着石灰石板，表面光滑，与支撑建筑的天然基岩形成对比。相同的自然材料经过人工处理后，表现出独特的视觉效果。

"阿克拉雷酒店"也采用了相似的技术，建筑外墙和内墙均由石板覆盖，形成了一个结构合理的"岩石空间"，出入口看起来如同从内部凿出来的一般。完工后的建筑完全融入周围的景观之中。

在"大西洋馆运动综合体"这个项目中，建筑师将石板与清水混凝土相结合，力求在自然材料和人工材料之间达到平衡。

预制面板

本书中还有一些项目以"预制面板"为主要元素。面板可以由不同的材料制成，建造过程中采用的技术也多种多样。面板都是预先加工而成的，通过特定的技术手段可以拆解成更小的单元，但在设计和施工过程中是一个不可简化的实体。

"龙门文化中心"和"中世纪博物馆新门廊"这两个案例都以金属面板为主要材料。"龙门文化中心"采用铜制面板覆盖整个立面，构成一个倾斜的屋顶，为空间引入光线。"中世纪博物馆新门廊"所采用的铝制面板的尺寸、浮雕和镂空的形式各不相同，建筑师用一种材料完成了不同组合，使建筑外观充满活力，并随着一天中光线的变化而随时产生视觉变化。

预制面板的另一种技术是将砖块结合起来，如"肯特州立大学建筑与环境设计中心"。建筑师按照垂直框架将砖块进行排列，通过错位摆放让立面呈现出"碎片化"的效果，让人对建筑的规模和外观产生错觉。

檩条

设计元素"檩条"也应用于本书所介绍的一系列项目中。这类元素尽管在尺寸上比其他元素大上许多，但是它们遵循着相似的安装组合逻辑，可以建造成更大的结构实体。

"伯鲁蒂制造：工厂和开发中心"以及"屋顶后面的房子"用檩条搭建了交错的天花板系统。檩条是"伯鲁蒂制造：工厂和开发中心"的主要结构元素，在主建筑空间中交织在一起，位于中厅之上。而"屋顶后面的房子"的倾斜屋顶是用层压木材建造而成的，层压木材完全裸露在外。

"Impluvium社区中心"与上述案例类似，其屋顶组件主要采用计算机数控技术建造，现场组装层压木梁结构——采用从外部支撑屋顶的复合柱，让公共空间延伸到一楼内部。

伯鲁蒂制造: 工厂和开发中心外墙体

托伦音乐厅外墙体

"萨拉曼卡市健身房"采用的是一个更为复杂的结构系统——不同的木质檩条结构组合在一起，避免阳光的直接照射。建筑师采用这种结构是为了减轻木材和金属所带来的重量感。

材料再利用

这里所说的"材料再利用"是指建筑材料的重复利用，尽管它并不太常见，但仍有很大潜力。我们应该遵循这样的逻辑：开发建筑材料的回收利用价值，通过循环使用实现增值，或将部分结构从之前的建筑中提取出来，恢复成较小建筑元素进行再利用。

"托伦音乐厅"是本书中对建筑材料进行重复利用的代表性案例。该建筑将回收的红砖碎片嵌入混凝土板和墙体中，待墙体固化后与之部分分离。与光滑的混凝土墙相比，这种创新实现了更好的声学效果，同时也装饰了建筑，让建筑外观更吸引人。

总之，理解建筑的各个组成部分，以及各个部分之间的关系，还有各个部分与整体的关系，对于设计过程而言至关重要。设计的基础工作包含将各个部分装配组合成整体，而之前对这些部分的识别和分类也是这一过程的一部分，这个过程本身就如同完成一个新项目。

在设计的过程中，建筑师需要在众多参数中找到平衡，这些参数和材料的选择与其具体的建造形式有关。材料和形式都取决于一些固有条件，如技术限制、材料的可用性、工厂的远近等。还有一些外部条件也会对此产生影响，比如，每个项目的场地条件、文化内涵以及采光需求等。还有一点非常重要：只有当建筑师的设计意图主导设计过程时，才能达到预期的结果。

最后，本书的每一个项目都在材料样本的识别和通过建造实现的整体效果之间找到了平衡。无论是技术因素，如幕墙系统、建造过程、材料特性，还是美学因素，如颜色、纹理、尺度或外观，都在材料的选择上发挥了作用。许多项目展示了工业技术为建筑师带来的无限可能：建筑师对传统材料进行设计创新，并以新的方式加以利用，让这些传统材料迸发出新的生命力。

从古至今，**砖**一直在建筑材料中占有重要地位。因为其具有灵活性和韧性，所以在当代建筑的创新应用中仍然具有极大的可能性。

历史的交织

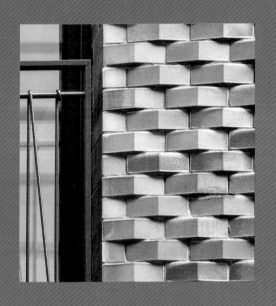

沃里克街
商业
砖、石头、釉面瓷砖
英国，伦敦市
2018年

该建筑在不同历史时期留下的痕迹被保留下来，没有被完全拆除。通过建筑师的改造，原建筑结构得以延续，同时又节约了成本。例如，建筑师为建筑的外墙和屋顶保留了一些历史元素，并将这些元素以超现实主义风格呈现出来。

改造后的墙面框架结构合理。建筑师采用了玻璃、锯齿形砖块以及石柱，配上垂直交织的釉面瓷砖，与街道两旁其他建筑上的釉面瓷砖遥相呼应，并将当地纺织工业的历史生动地展现出来。建筑的内部空间包含办公空间和零售店铺。其中一楼整层采用了全尺寸落地玻璃，给人留下深刻的印象。

建筑师大胆地设计了现代折线形屋顶。整个建筑拥有古怪而有趣的造型，既是向苏豪区的历史致敬，又展现了当地的传统文化。

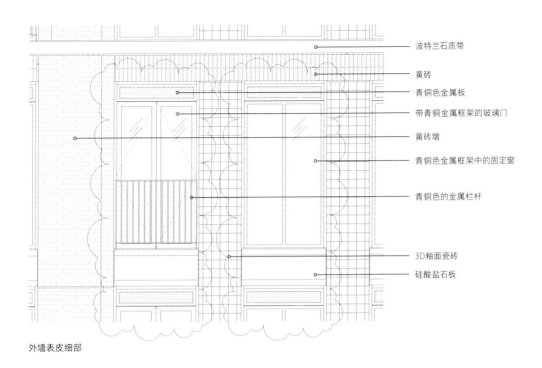

波特兰石质带

黄砖

青铜色金属板

带青铜金属框架的玻璃门

黄砖墩

青铜色金属框架中的固定窗

青铜色的金属栏杆

3D釉面瓷砖

硅酸盐石板

外墙表皮细部

砖做的皮肤

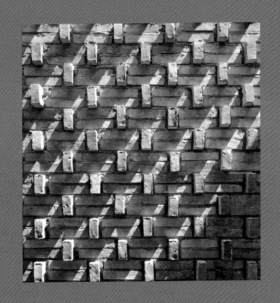

山口洋市文化中心
文化
砖
印度尼西亚，山口洋市
2017年

该建筑集公共空间与旅游中心于一体，外观十分引人注目。此次改造使这座原本已经衰败的影院重获新生。周围街区的人再次关注到这里，并选择到这里参加各类社会活动。

设计师保留了原建筑的设计精髓——砖与钢材混合形成的外墙，可谓巧妙绝伦。砖为当地自产，这是对当地历史、文化和艺术的最高致敬。当地的砖块含有氧化铁，具有独特的锈色外观。白色高岭石的使用让整个建筑看起来更加柔和，打造出别具一格的建筑外观。

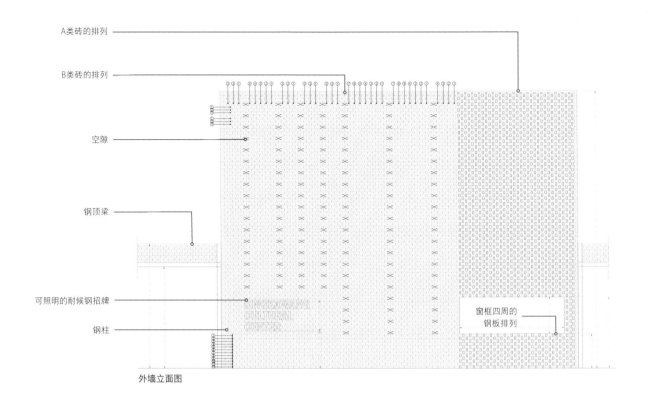

A类砖的排列

B类砖的排列

空隙

钢顶梁

可照明的耐候钢招牌

钢柱

窗框四周的
钢板排列

外墙立面图

绿色开放空间

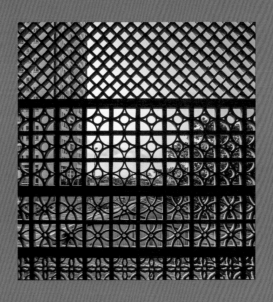

平清公寓
住宅
砖、陶土砖、混凝土
越南，胡志明市
2016年

这是一个小型公寓项目，共有7个房间。该区域是由几块大小不同的地块拼接而成的，总长约40米，稍微有些弯曲，周边是密集的两三层高的住宅区。公寓楼中央有一处开放式的大庭院，使两座塔楼的底层连在一起，同时借助自然采光和通风，形成了一个设计精美的开放空间，让人流连忘返。此外，建筑内部还留有通道，使一楼与开放式庭院相连。

该建筑的体量依据当地建筑规范而设定。且应客户要求，建筑师使用了越南当地的材料，以降低成本。陶土砖在越南非常流行。在本案中，砖块按照不同的样式进行组合，形成独特的立面墙体，实现了自然通风、遮阳降温的效果，同时也保护了住户的安全。

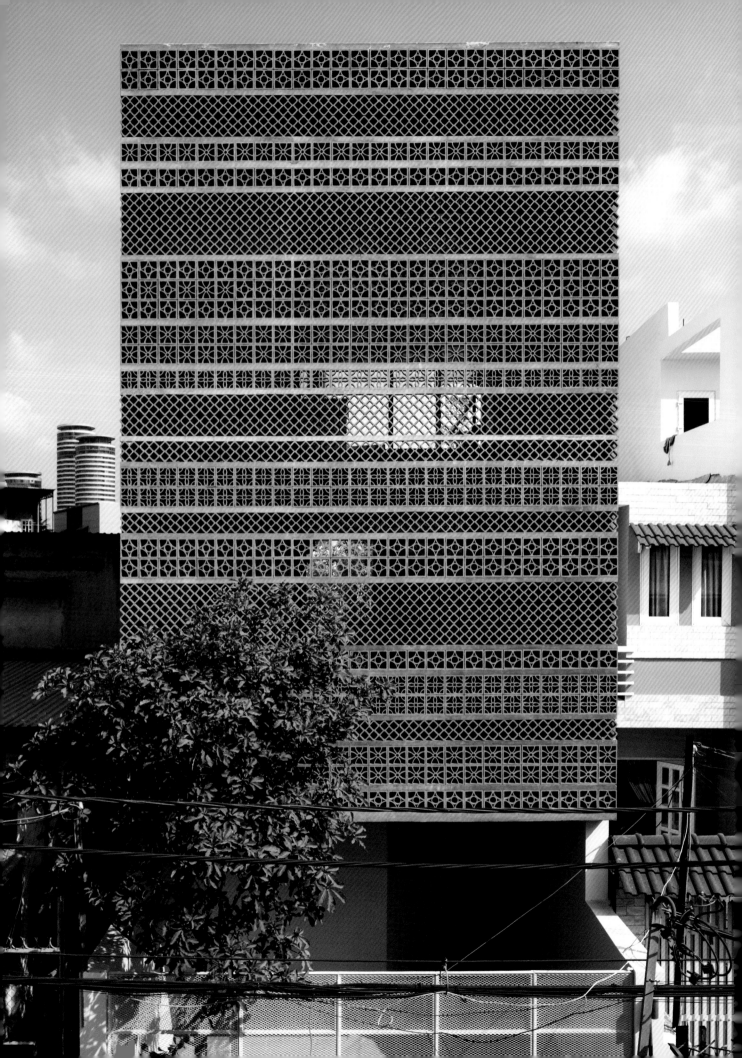

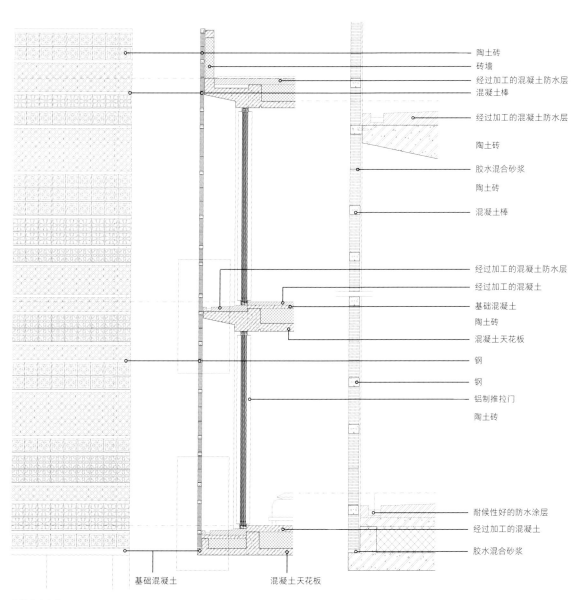

陶土砖
砖墙
经过加工的混凝土防水层
混凝土棒

经过加工的混凝土防水层

陶土砖

胶水混合砂浆
陶土砖

混凝土棒

经过加工的混凝土防水层
经过加工的混凝土
基础混凝土
陶土砖
混凝土天花板
钢
钢
铝制推拉门
陶土砖

耐候性好的防水涂层
经过加工的混凝土
胶水混合砂浆

基础混凝土　　　　混凝土天花板

外墙表皮细部

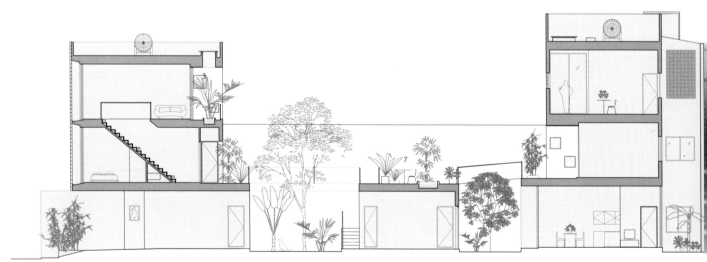

剖面图

阳光普照

圣达菲基金会大楼
医疗
砖、混凝土
哥伦比亚，波哥大市
2016年

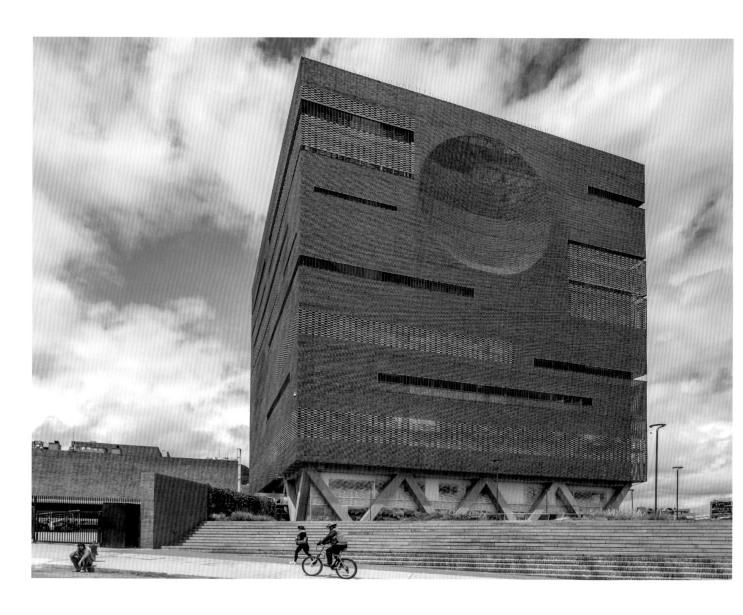

该项目位于波哥大市北部。由于当地居民的就医需求日益增长，这座综合性医疗大楼急需改造，以提供更多的医疗资源。原建筑的整体布局如迷宫般杂乱无序。翻新后的建筑布局清晰，满足了当地不断增长的就医需求，并通过园区内新建的人行道将各个楼体连接在了一起。此外，充足的光线通过砖立面和建筑内的采光井射入医院内部。

医院通常是一个封闭的空间。翻新前，医院病房内的窗户都很小，也没有休闲区域，这样的设计没有

考虑到病人的精神状态会受外部环境的影响，治疗效果会大打折扣。在这样的背景下，建筑师提出了新的设计理念——希望病人在就医时有一个舒适的环境，这也有助于他们病情好转。例如，建筑师设计了日光浴室，力求打造"花园医院"的概念，让患者与外部环境有更多的接触，以减少他们的压力，帮助他们尽快康复。

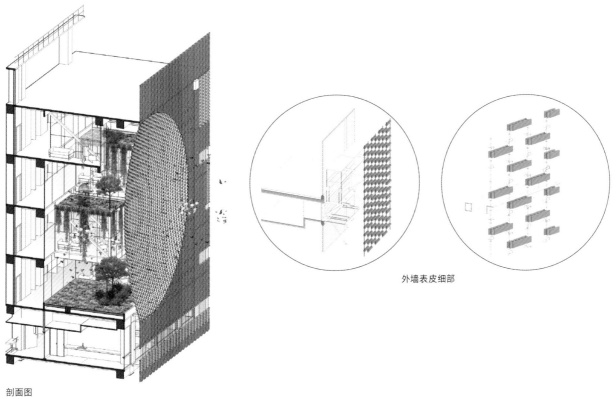

剖面图

外墙表皮细部

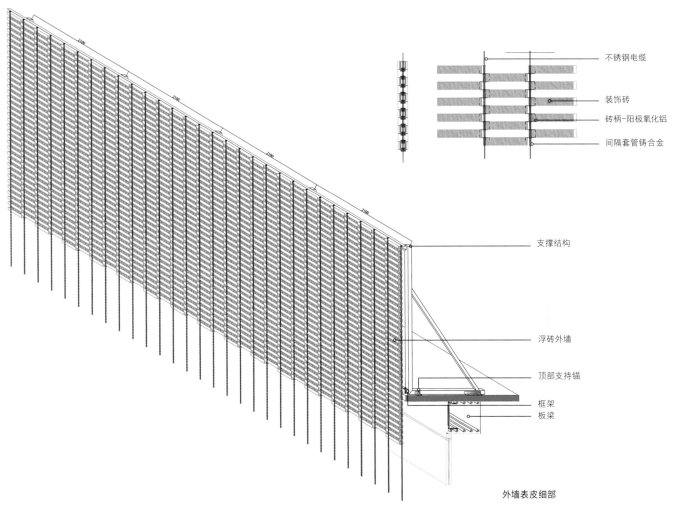

不锈钢电缆

装饰砖

砖柄-阳极氧化铝

间隔套管铸合金

支撑结构

浮砖外墙

顶部支持锚

框架
板梁

外墙表皮细部

砖墙之美

肯特州立大学建筑与环境设计中心
机构
砖、混凝土、玻璃、木材
美国，肯特市
2016年

该项目已经成为将肯特州立大学与肯特市联系在一起的新纽带。其设计目标是创造一个连续的开放式空间。设计师希望可以给建筑带来灵活性，使这里可以满足肯特州立大学不断增长的教学需求。

数个工作室"堆叠"排列，凸显了建筑的体块感。一条连续的画廊是公共楼层中的主要空间，并面向校园内新建的步道开放。建筑内包含不同的功能区域，如咖啡馆、画廊、多功能厅、教室、图书室、阅览室等，丰富多样的活动可以在这里展开。建筑立面采用了铁斑砖块和定制的砖百叶，这些材料均在当地工厂的蜂窝砖窑里烧制而成，其颜色、纹理与周边校园及城市的建筑所使用的材料遥相呼应、和谐统一。

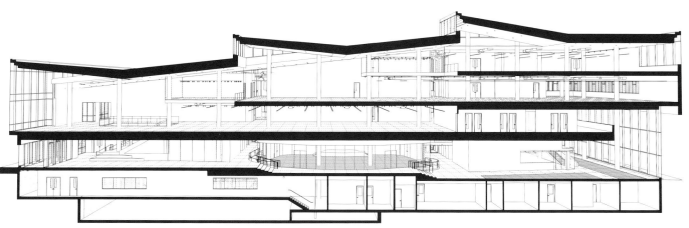

剖面图

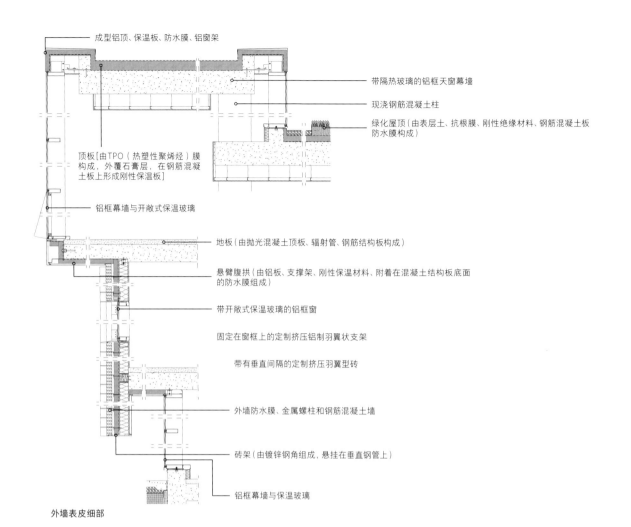

成型铝顶、保温板、防水膜、铝窗架

带隔热玻璃的铝框天窗幕墙

现浇钢筋混凝土柱

绿化屋顶（由表层土、抗根膜、刚性绝缘材料、钢筋混凝土板防水膜构成）

顶板[由TPO（热塑性聚烯烃）膜构成，外覆石膏层，在钢筋混凝土板上形成刚性保温板]

铝框幕墙与开敞式保温玻璃

地板（由抛光混凝土顶板、辐射管、钢筋结构板构成）

悬臂腹拱（由铝板、支撑架、刚性保温材料、附着在混凝土结构板底面的防水膜组成）

带开敞式保温玻璃的铝框窗

固定在窗框上的定制挤压铝制羽翼状支架

带有垂直间隔的定制挤压羽翼型砖

外墙防水膜、金属螺柱和钢筋混凝土墙

砖架（由镀锌钢角组成，悬挂在垂直钢管上）

铝框幕墙与保温玻璃

外墙表皮细部

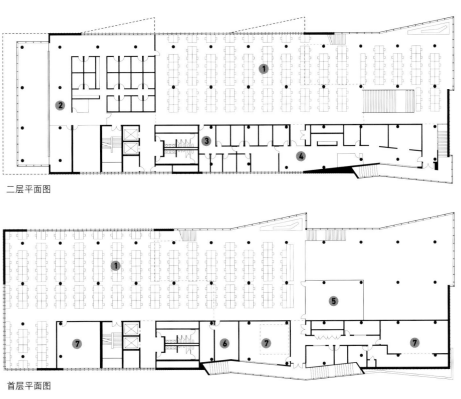

二层平面图

首层平面图

1 工作室   5 评论室
2 员工休息区 6 研讨室
3 咨询区   7 实验室
4 行政区

0 3   15米

私人空间

KS公寓
住宅
砖、玻璃、混凝土
巴西，纳塔尔市
2016年

由于这座公寓的位置临街，因此其设计旨在保护住户的隐私。公寓对外封闭，但内部空间较为开放，共有三层：车库和存储区位于地下室，社交和生活区位于地上部分，最上层则包含卧室和浴室。

整个建筑由钢筋和混凝土制成的立柱、石板平台和金属屋顶构建而成，最后将由玻璃和砖块搭建而成的墙体融合到整个建筑的框架之中。墙壁上的开孔是通过砖的排列组合形成的，在增加采光的同时也有利于通风。

公寓内部的天花板有多种高度变化，这样可以保持室内凉爽，并有助于空气流通。空间内的每个部分都通过内部走道相连接。离街道最近的是起居室和娱乐室。厨房、餐厅和服务区可通往院子。位于最上层的私人空间则由人行桥相连。

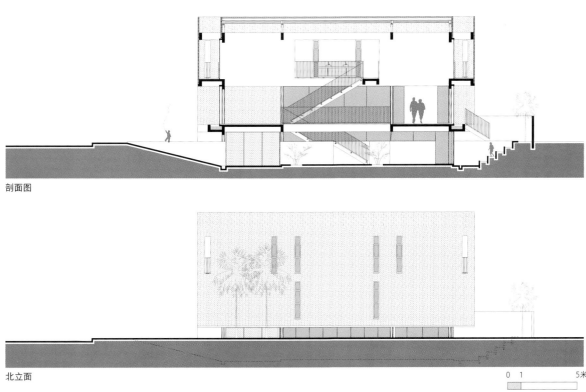

剖面图

北立面

0 1   5米

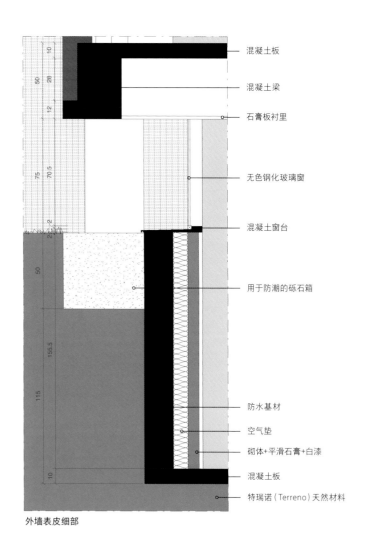

混凝土板

混凝土梁

石膏板衬里

无色钢化玻璃窗

混凝土窗台

用于防潮的砾石箱

防水基材

空气垫

砌体+平滑石膏+白漆

混凝土板

特瑞诺（Terreno）天然材料

外墙表皮细部

声学技术重获新生

托伦音乐厅
文化
砖、混凝土
波兰，托伦市
2015年

托伦音乐厅位于历史文化名城托伦市，周围绿树环绕，厅内可以俯瞰维斯瓦河。建筑与周围的自然环境十分和谐，占据了该地块一半的面积，另一半则被建成了公园。建筑师严格控制了建筑的高度，以免建筑物遮挡维斯瓦河的风景。建筑外围的缓坡上覆盖着草坪。

乍看之下，托伦音乐厅由浅色混凝土制成的外墙与皮肤伤口般的鲜红色内部墙体形成鲜明对比。整个建筑采用的是混合材料皮卡多。这种创新材料是将混凝土与回收的碎红砖混合而成的，具有出色的声学效果。

这座城市里大部分建筑的墙体都是用古老的红砖砌成的，具有哥特风格。托伦音乐厅对红砖的使用便是对当地建筑文化的传承，同时也是对这种传统材料的重新诠释。

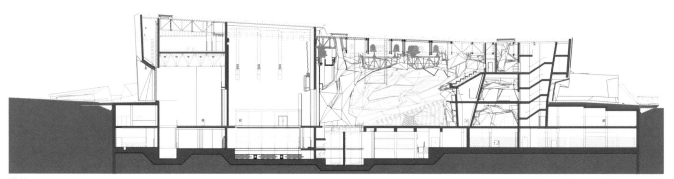

纵剖面

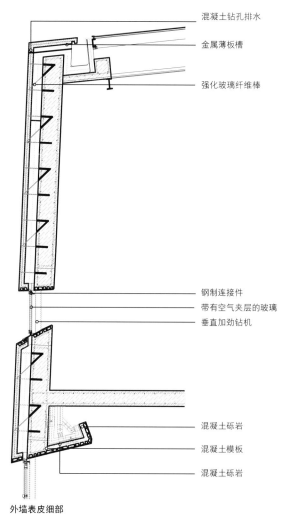

混凝土钻孔排水

金属薄板槽

强化玻璃纤维棒

钢制连接件
带有空气夹层的玻璃
垂直加劲钻机

混凝土砾岩
混凝土模板
混凝土砾岩

外墙表皮细部

历史传统

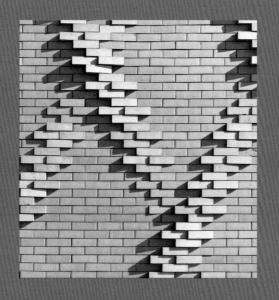

团结之家
医疗
砖、混凝土
法国，博韦市
2015年

位于街道尽头，与公园相连的"团结之家"，以优雅的形象在这儿落脚。建筑所使用的材料非常简单，立面带着一点韵律感，既不过于严肃，也不过分醒目，且同周围的建筑区别开来。建筑外墙用砖砌成，这种砖在法国的北部十分常见。巧妙的堆叠方式配上表面的镀层，在立面上形成菱形的纹理，通过光影凸显出来。

建筑分为上下两层：一层是公共区域，二层是员工的办公室。人们从建筑中间的大门进入，大门正对着接待台，透过接待台后面的玻璃可以看到花园。

这座建筑对红砖的运用非常巧妙，表现出了这种材料细腻的"情感"。整个建筑的墙面约有38 000块砖，通过叠加、悬挑、扭转等7种不同的排列方式，创造出别具一格的图案。

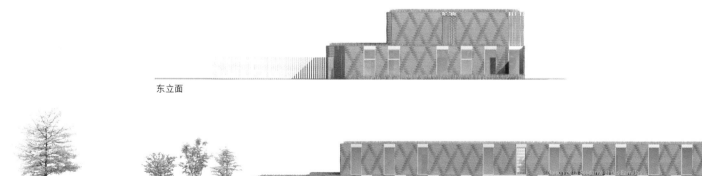

东立面

北立面

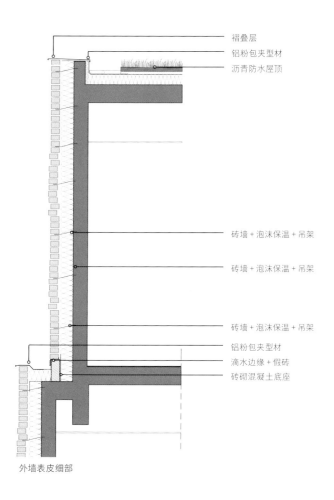

褶叠层
铝粉包夹型材
沥青防水屋顶

砖墙 + 泡沫保温 + 吊架

砖墙 + 泡沫保温 + 吊架

砖墙 + 泡沫保温 + 吊架
铝粉包夹型材
滴水边缘 + 假砖
砖砌混凝土底座

外墙表皮细部

自古以来，**石头**一直被用于建造各种建筑。石头凭借自身多样的色调和纹理，在当代建筑师中广受欢迎。

海的回声

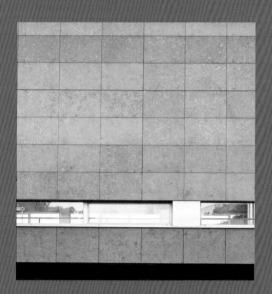

大西洋馆运动综合体
文化
石头、混凝土、瓦
葡萄牙，维亚纳堡市
2018年

本案在建造过程中受到了严格的成本限制。建筑师严格遵守预算要求，克服了资金方面的影响，为建筑设计了优美的外观。

建筑占地面积约为650平方米（主要用于排球和篮球运动），高7.5米，配有4个独立更衣室，2个运动员区，每个运动员区可容纳15~20名运动员，此外还设有教练区、裁判区和储物间。主入口在两个主楼的连接处，可供50~80人在此等候。入口处设有接待室、监控站、技术支持区、洗手间以及残疾人专用卫生间，同时还配有自助餐厅，能根据需要随时开放。

这座建筑主要采用了混凝土和蓝灰色的石头这两种建筑材料，大面积的灰色仿佛波涛起伏的灰色海洋。入口大厅中各种各样的灰色浮雕和瓷砖同样可以让人联想到维亚纳堡市海滩的贝壳和藻类。

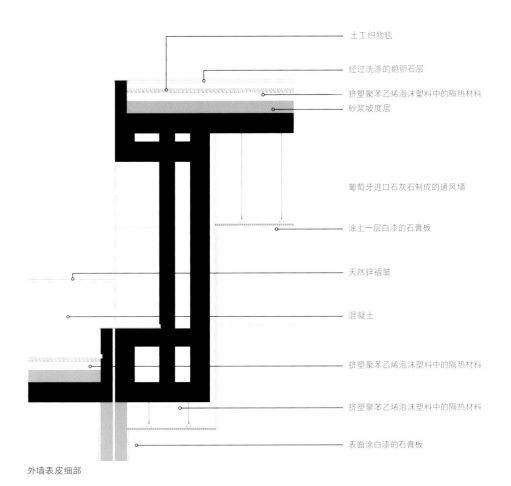

土工织物毯

经过洗涤的鹅卵石层

挤塑聚苯乙烯泡沫塑料中的隔热材料

砂浆坡度层

葡萄牙进口石灰石制成的通风墙

涂上一层白漆的石膏板

天然锌褶皱

混凝土

挤塑聚苯乙烯泡沫塑料中的隔热材料

挤塑聚苯乙烯泡沫塑料中的隔热材料

表面涂白漆的石膏板

外墙表皮细部

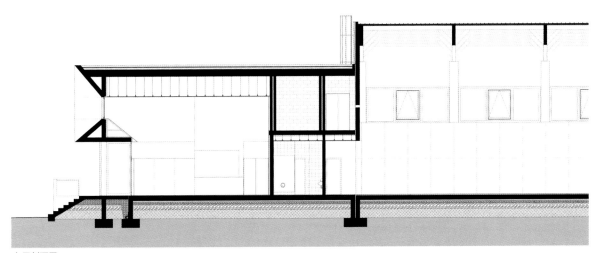

大厅剖面图

幕墙

温州绿轴翡翠文化馆
文化
石头、钢、玻璃
中国，温州市
2018年

该 项目所在的地块狭长，背靠高层建筑林立的住宅小区，面朝绿意葱茏的绿轴公园。作为城市客厅与文化展廊，新建筑的地标效应将引来更多的人为场所注入活力。建筑本身则成为桥头风景的"守望者"，为整片街区融入绿轴印象。

建筑师在形式上消除了墙和屋顶的界限，在空间组合上将隔断甚至柱子对空间流动性的影响降到最低。当然这也对结构与幕墙设计提出了非常规的要求：幕墙需要纵贯整个建筑的西墙，并成为支撑主体。石头幕墙内暗置了3根钢柱，室内仅有1根柱子外露，作为造型之用。

室内以开敞的大空间为主，平均高度为10米。为了提高能源利用效率，空调采用地出风。大量设备被置于室内地坪下方，同时也简化了室内空间。

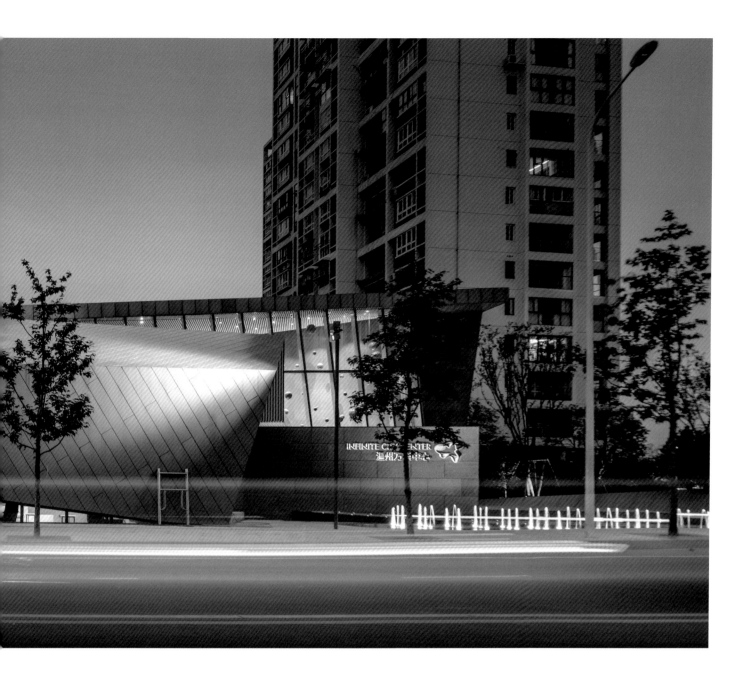

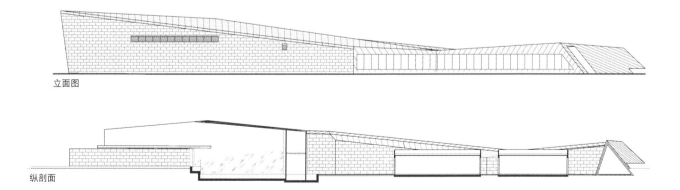

立面图

纵剖面

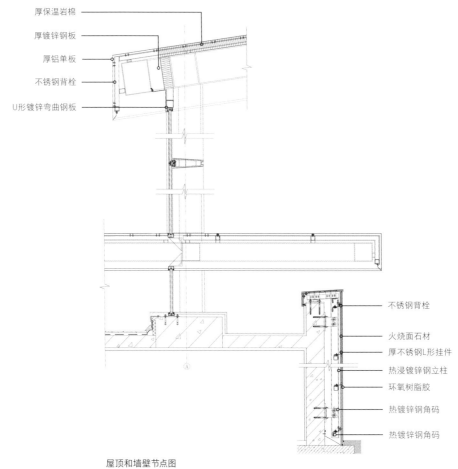

厚保温岩棉

厚镀锌钢板

厚铝单板

不锈钢背栓

U形镀锌弯曲钢板

不锈钢背栓

火烧面石材

厚不锈钢L形挂件

热浸镀锌钢立柱

环氧树脂胶

热镀锌钢角码

热镀锌钢角码

屋顶和墙壁节点图

石头中的奢侈品

阿克拉雷酒店
商业
石头、木材
西班牙，圣塞瓦斯蒂安市
2017年

阿克拉雷酒店选材精细。设计者在使用石头、木材这些天然材料的时候，遵循它们内在的自然属性，同时采用最新技术对这些建筑材料进行加工。

酒店的每个房间都采用了不同的建筑材料，这些材料交替使用，使墙面的几何图案变化多样，体现了酒店房间不同的功能，同时，这种独特而多样的变化也赋予了这家酒店鲜明的个性。

5个石砌的体块从山腰向大海延伸，酒店的客房就"藏"在这里面。酒店分上下两层，共有22个房间，这些房间都是新建的，无论房型大小，都面向大海。酒店的大厅在风格上与客房保持一致——温暖的布艺织品、柔和的灯光、精致的设施和优雅的家居设计，把酒店的特色体现得淋漓尽致。

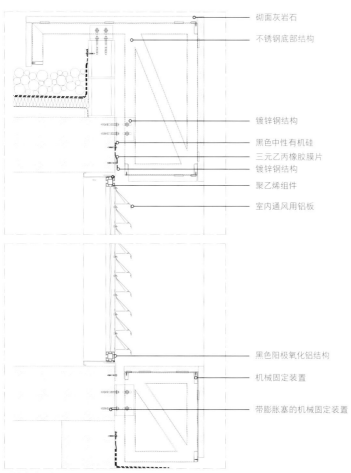

砌面灰岩石

不锈钢底部结构

镀锌钢结构

黑色中性有机硅

三元乙丙橡胶膜片

镀锌钢结构

聚乙烯组件

室内通风用铝板

黑色阳极氧化铝结构

机械固定装置

带膨胀塞的机械固定装置

外墙表皮细部

湖景山色

布尔根施托克酒店
商业
石头、混凝土、玻璃
瑞士，布尔根施托克山
2017年

布尔根施托克酒店位于海拔875米的布尔根施托克山上，整个酒店大楼坐落在玻璃基座上，其设计灵感源自一部传奇电影中的场景。整座酒店是将两座建筑合并为一座的巨大的L形建筑。建筑师还在这里修建了一个宽敞的开放式露台，客人穿过广场可以直达这里。站在露台上，客人还可以把远处城市和琉森湖的美景尽收眼底。

酒店立面以乳白色的石灰石为材料，呈灰褐色，与天然的布尔根施托克岩石相似，设计师以此向酒店的历史致敬。远远望去，这座建筑如同从岩石中开凿出来一般。石材立面与立柱和窗框的金属元素形成鲜明的对比。这些金属元素呈青铜色，高雅别致，犹如醒目的"华盖"。

项目团队将瑞士传统建筑风格和现代风格完美地结合在一起，使建筑的历史价值得以保留。此外，布尔根施托克酒店在自然资源的利用上也体现了可持续发展的理念。

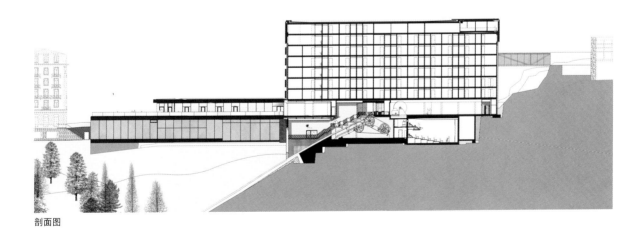

剖面图

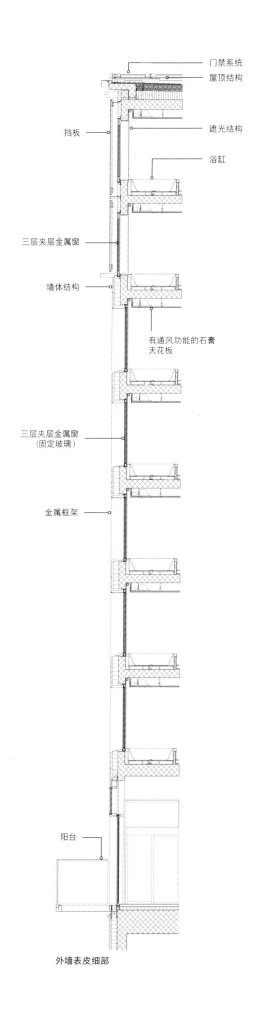

门禁系统

屋顶结构

挡板

遮光结构

浴缸

三层夹层金属窗

墙体结构

有通风功能的石膏
天花板

三层夹层金属窗
（固定玻璃）

金属框架

阳台

外墙表皮细部

曾经的辉煌

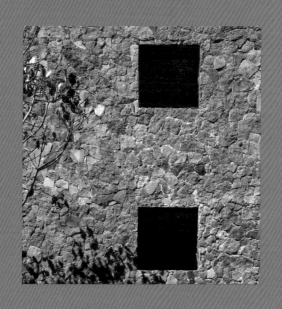

华亚坎酒店
商业
石头、混凝土
墨西哥，朱特佩克市
2017年

建筑师充分利用了地形和已修建好的平台，使建筑呈三角形矗立在平台之上。泳池围在三角区域的两侧。酒店的门厅位于最高处，这样有利于横纵双向的流通。开放式门厅高12米，在这里客人抬头就可以看到天空。

酒店的外墙均采用当地的石材，让建筑与周围环境融为一体。混凝土和石材的组合借鉴了传统墨西哥建筑在材料使用上的简单与纯粹，美中不足的是材料略显单一。混凝土顶棚下是一条狭长的通道，游客可以通过这里进入大厅。该地区气候宜人，四季如春，所以酒店的所有大厅都保持开放，与户外景观相连。酒店的室内设计也十分简约：有抹灰的天花板和白色的混凝土抛光地板，还铺设了当地产的瓷砖。

建筑师通过承重墙和预制混凝土的屋顶，打造出十分坚固的建筑结构。住在这里，客人可以观景，可以呼吸新鲜空气，还可以感受大自然带来的片刻安宁。

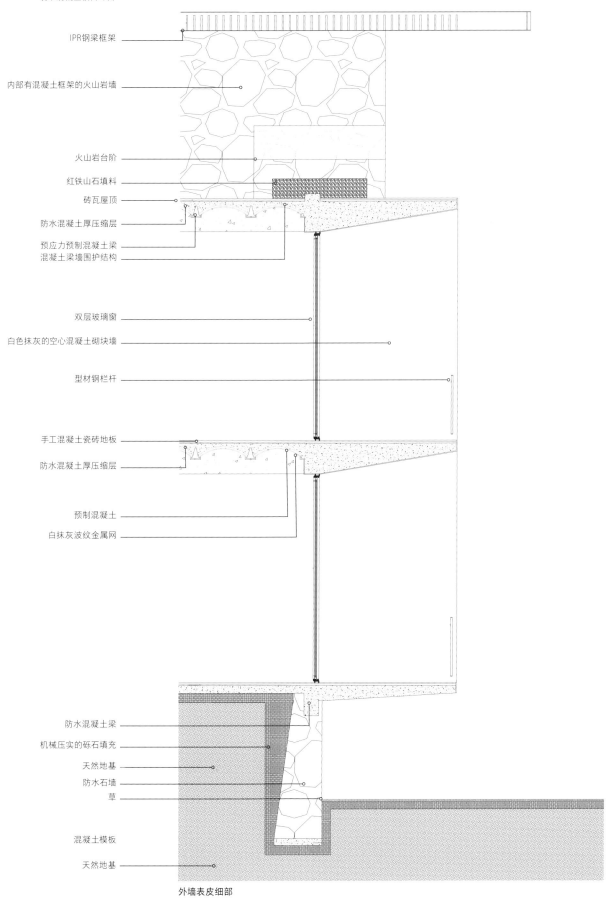

硬木混凝土板百叶窗

IPR钢梁框架

内部有混凝土框架的火山岩墙

火山岩台阶

红铁山石填料

砖瓦屋顶

防水混凝土厚压缩层

预应力预制混凝土梁

混凝土梁墙围护结构

双层玻璃窗

白色抹灰的空心混凝土砌块墙

型材钢栏杆

手工混凝土瓷砖地板

防水混凝土厚压缩层

预制混凝土

白抹灰波纹金属网

防水混凝土梁

机械压实的砾石填充

天然地基

防水石墙

草

混凝土模板

天然地基

外墙表皮细部

提起建筑材料中的**金属**，人们的第一反应
通常是钢。事实上，还有其他更传统的金属被
建筑师使用在当代建筑中，如铜和锌。

英雄时代

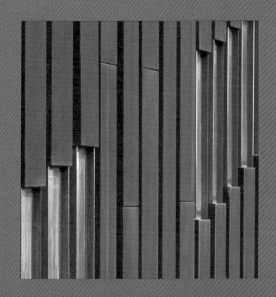

特洛伊博物馆
文化
耐候钢、混凝土、铝材
土耳其，恰纳卡莱市
2018年

该 项目的设计灵感源于"文物研究"。整
个建筑是一个立方体，非常坚固，外面
包裹了一层金属壳。随着岁月的流逝，
金属外壳表层锈迹斑斑。

游客沿着一个宽阔的坡道向下走，呈现在其眼前的是
一个环形地带，中间是一个"长"满铁锈的红土色立
方体。这里便是建筑的核心区域——展区。整个展区
分为4层，展览内容涵盖土耳其历史上的4个不同时

期，涉及经济发展、城市变迁、日常生活、科技变
革、文化艺术等主题。参观者可以自行参观、探索、
阅读、思考，丰富的内容和展览形式能唤起年轻游客
的好奇心，使他们更深入地了解这些展品。

该建筑的一大设计特点是所有的设施都被隐藏在地下
一层。此外，建筑旁边的橄榄树林里有一座花园，游
客可以在那里欣赏到犹如荷马时期的风景。

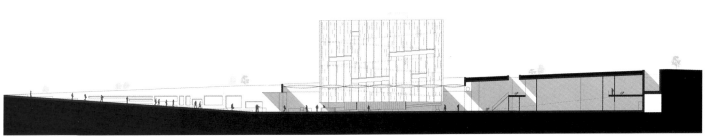

纵剖面

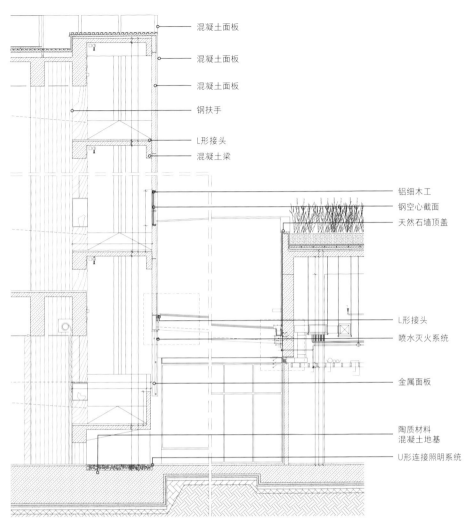

混凝土面板

混凝土面板

混凝土面板

钢扶手

L形接头
混凝土梁

铝细木工
钢空心截面
天然石墙顶盖

L形接头
喷水灭火系统

金属面板

陶质材料
混凝土地基
U形连接照明系统

细部图

混合材料

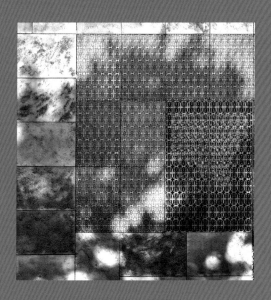

中世纪博物馆新门廊
文化
铝、锌、混凝土、木材
法国，巴黎市
2018年

该项目以几个微型桩作为地基。并排布置的两个建筑空间差别很大。从林荫大道上看过去，两个建筑彼此分离，减少了对周围环境的影响，同时保留了原有轮廓的连续性和辨识度。为了与现有建筑在年代上相匹配，建筑师在新建的门廊入口处用铸铝模型打造了一些不同大小的浮雕，与具有沧桑感的石块形成呼应。建筑立面上有大面积的金属装饰，它们的图案借鉴了石雕花边。

这座博物馆继承了原建筑悠久的历史。原建筑可用的土地非常稀少，建筑空间受限，因此，在不影响其历史价值的前提下，建筑师对建筑的多处位置进行了修补，并且重新调整了房间的布局和博物馆的参观路径，使整个建筑呈现出新的面貌。

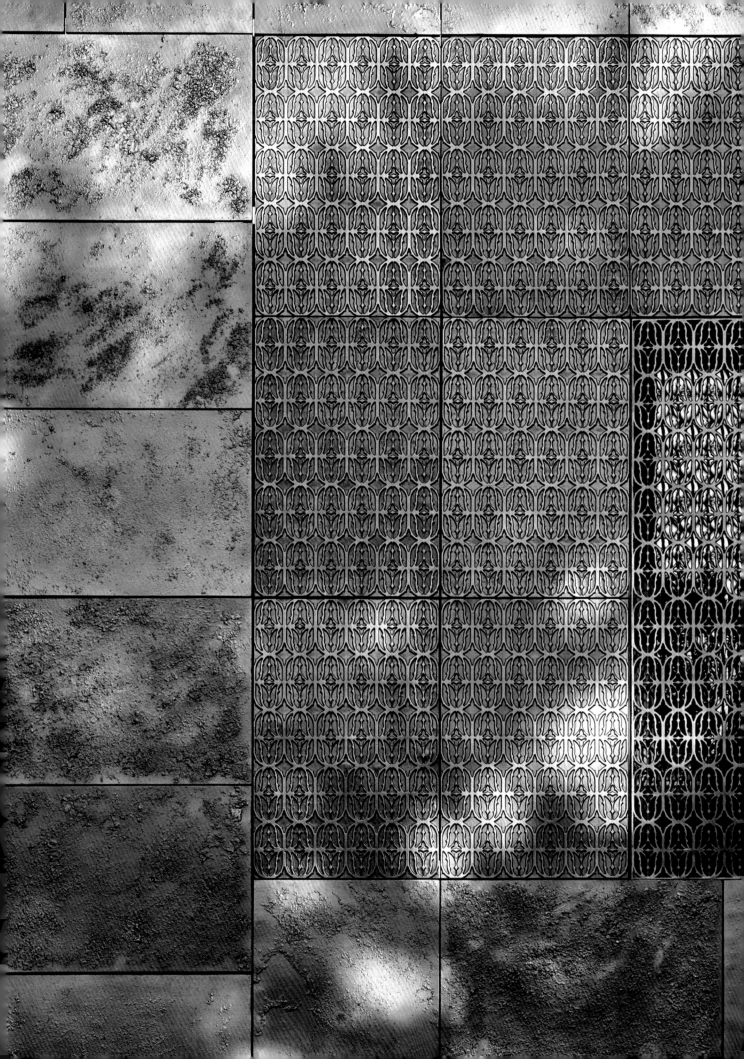

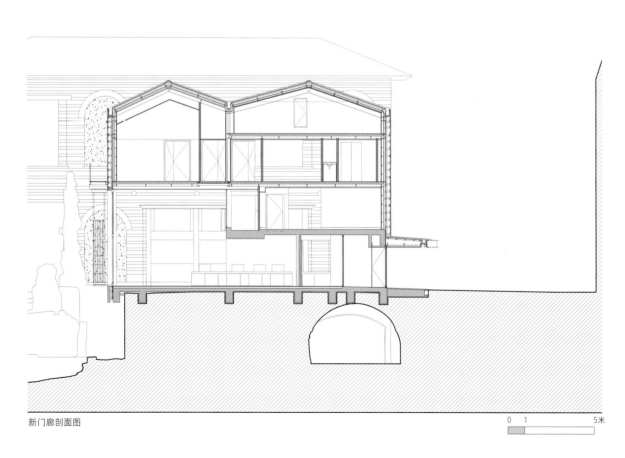

新门廊剖面图

0　1　　　　　5米

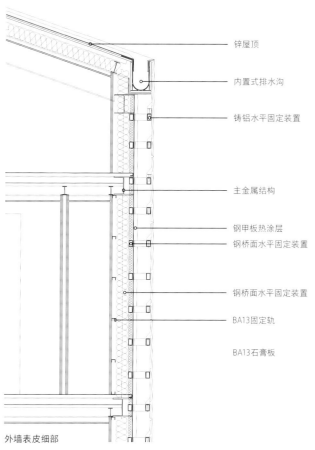

锌屋顶

内置式排水沟

铸铝水平固定装置

主金属结构

钢甲板热涂层
钢桥面水平固定装置

钢桥面水平固定装置

BA13固定轨

BA13石膏板

外墙表皮细部

回顾传统建筑

龙门文化中心
文化
铜、混凝土
中国，三都水族自治县
2017年

位于中国贵州省黔南布依族苗族自治州的龙门文化中心是三都水族自治县的门户，是水族的象征。水族是中国的少数民族之一，虽然总人数不多，但他们仍然保留着自己的语言和自己独特的象形文字系统。龙门文化中心的整体造型设计受到水族传统文字的影响，遵循"山"字的形状。

建筑占地面积约为13 800平方米，紧邻一条河流的一个弯道建造，三面环水。在西侧，水景广场把参观者引到入口。水这个元素与场地和建筑本身都密切相关。建筑师使用穿孔青铜钢板来造顶，这使得板材更轻，与重型混凝土结构形成鲜明对比。混凝土在松木模板内浇筑而成，十分结实。松木是当地最常见的材料之一，在此项目中，当代的混凝土结构与当地传统木结构相互呼应。

龙门文化中心由三个主要区域组成，将旅游文化中心的所有功能结合起来。作为一个新地标，它具有独特的造型，是向当地传统文化的致敬，并且能够将参观者带入一段神奇的旅程，让他们沉浸在水族古老的世界中。

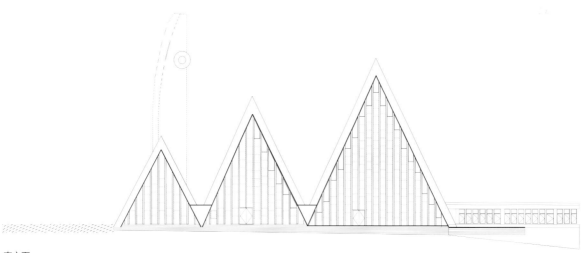

南立面

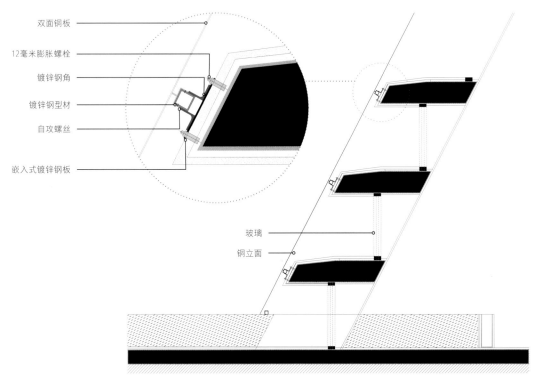

双面铜板

12毫米膨胀螺栓

镀锌钢角

镀锌钢型材

自攻螺丝

嵌入式镀锌钢板

玻璃

铜立面

外墙表皮细部

框架结构

塞拉餐厅
商业
耐候钢、木材、砖
美国，隆娜特里市
2017年

塞拉餐厅建在一座山顶上。这座山位于美国科罗拉多州,可以俯瞰整个隆娜特里市。餐厅为顾客提供了充满活力并且私密的用餐空间,与山下喧嚣的城市遥相呼应。

这座建筑有14个A形钢架,形成了独特的建筑形态。A形钢架的下半部一直延伸到建筑下方的山坡上,与混凝土墙壁连在一起。主餐厅由8个A形钢架合围而成,其余的6个框架位于外面的平台上。主餐厅的屋顶采用波纹状耐候钢,其上有孔。白天,阳光透过这些孔在室内地面投下斑驳的影子;夜晚,室内灯火通明,使整个建筑看起来像一个大灯笼。天气和隔音等问题都以十分巧妙的方式解决了,多余的元素或被隐藏,或被略去,最终呈示出来的是一个轻盈的、动态的框架结构。

建筑所使用的材料以红砖和钢为主。其使用的红砖有上百年的历史,来自当地拆除的古建筑——这些红砖的大小千差万别,表面的残缺十分明显。这些痕迹诉说着它们的过去,给建筑外观增添了独特的气息。钢结构尽可能地暴露在外,生锈后变成古铜色,与红砖的颜色形成和谐的效果。

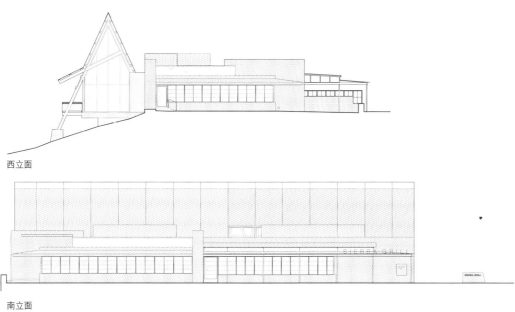

西立面

南立面

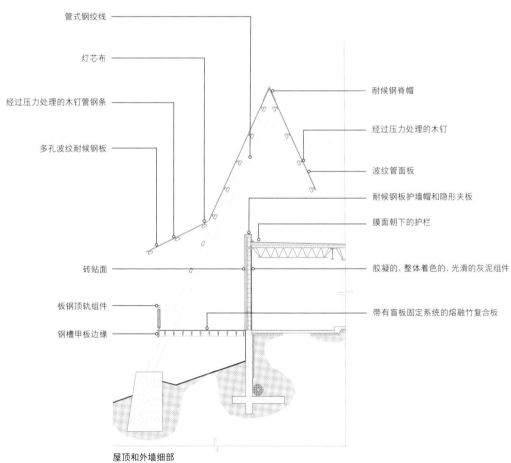

管式钢绞线

灯芯布

经过压力处理的木钉管钢条

多孔波纹耐候钢板

耐候钢脊帽

经过压力处理的木钉

波纹管面板

耐候钢板护墙帽和隐形夹板

膜面朝下的护栏

砖贴面

胶凝的、整体着色的、光滑的灰泥组件

板钢顶轨组件

带有盲板固定系统的熔融竹复合板

钢槽甲板边缘

屋顶和外墙细部

自人类开始建造栖身之地以来，**木材**一直是最常使用的天然材料。木材可以改变其周围的环境，可以赋予建筑温暖的元素，并且凭借其灵活性，让现代建筑师可以继续以多种方式使用它。

私人通道

屋顶后面的房子
住宅
木材、混凝土、陶瓷
波兰，克拉科夫市
2018年

这个房子位于一个住宅小区内，整个小区由10栋独栋住宅组成。为了保护居民隐私，建筑师将住宅隐藏在屋顶的后面，这也解释了其名字的来历。

住宅的绿色屋顶呈45度斜坡，虽然传统的平屋顶设计起来更加容易，但根据当地相关规定，屋顶必须带有坡度。带坡度的屋顶本就比平屋顶昂贵许多，更何况还是绿色屋顶。同时，这个屋顶的面积又大于建筑本身的占地面积。因此，对建筑师来说，这无疑是一个不小的挑战。

这个屋顶不仅裸露在外面，还延伸至住宅内部，而且不需要特别维护。窗户安装在距离地面很高的地方，阳光可以射入住宅内部。当住户打开窗户时，自然通风的效果显著。

住宅立面覆盖着红雪松木，它们没有经过加工处理，但可以抵御恶劣气候和昆虫侵扰。随着时间的推移，这种松木会呈现出一种高贵的古铜色。

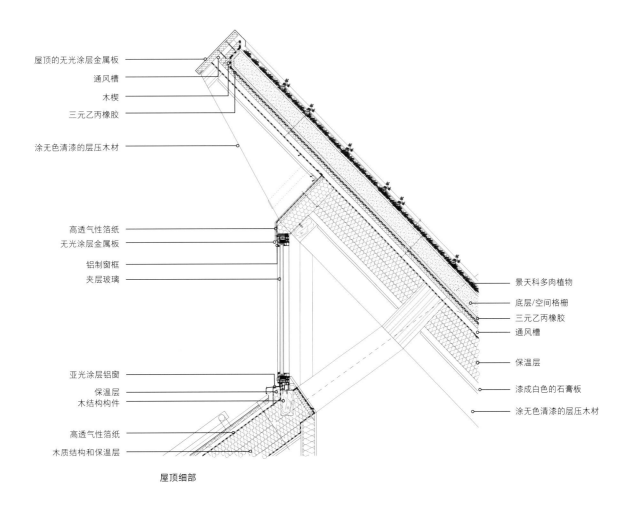

屋顶的无光涂层金属板
通风槽
木楔
三元乙丙橡胶

涂无色清漆的层压木材

高透气性箔纸
无光涂层金属板
铝制窗框
夹层玻璃

景天科多肉植物
底层/空间格栅
三元乙丙橡胶
通风槽

保温层

亚光涂层铝窗
保温层
木结构构件

漆成白色的石膏板
涂无色清漆的层压木材

高透气性箔纸
木质结构和保温层

屋顶细部

创新墙面

伊维萨岛酒店
商业
木材、石头、玻璃
西班牙，伊维萨岛
2018年

伊 维萨岛酒店项目是一个30间客房的扩建
工程，这些房间分布在一个经过整合并
已经投入使用的建筑内。施工过程中，
最有技术含量的部分无疑是已有结构与新建结构的衔
接。此外，为了尽可能减少新增结构对现有建筑的影
响，新建立柱的数量必须降至最少。

该建筑以对垂直板条的深度利用为基础，实现建筑垂
直架构的优化。此外，这些垂直板条还可以调节采光：

阳光投下的光影会随着时间而变化，建筑立面会随时
反映光影的变换，立面便不再只是一个静态结构。

这些垂直板条材料的选择是重中之重，建筑师既要考
虑板条的质量，又要考虑它们与客人的距离。它们的
表面被喷上了树脂，并以木屑装饰。同时，这种材质拥
有不错的耐久性，足以避免海洋性气候对建筑的强力
腐蚀。

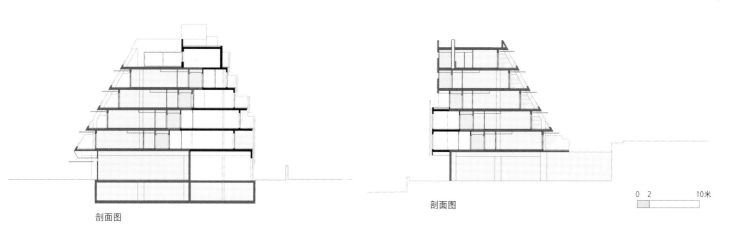

剖面图 剖面图

0 2 10米

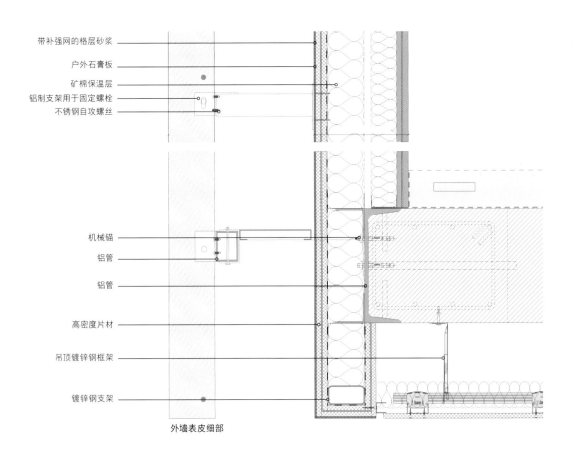

带补强网的格层砂浆
户外石膏板
矿棉保温层
铝制支架用于固定螺栓
不锈钢自攻螺丝

机械锚
铝管

铝管

高密度片材

吊顶镀锌钢框架

镀锌钢支架

外墙表皮细部

OK

168　　传统建筑材料细部构造

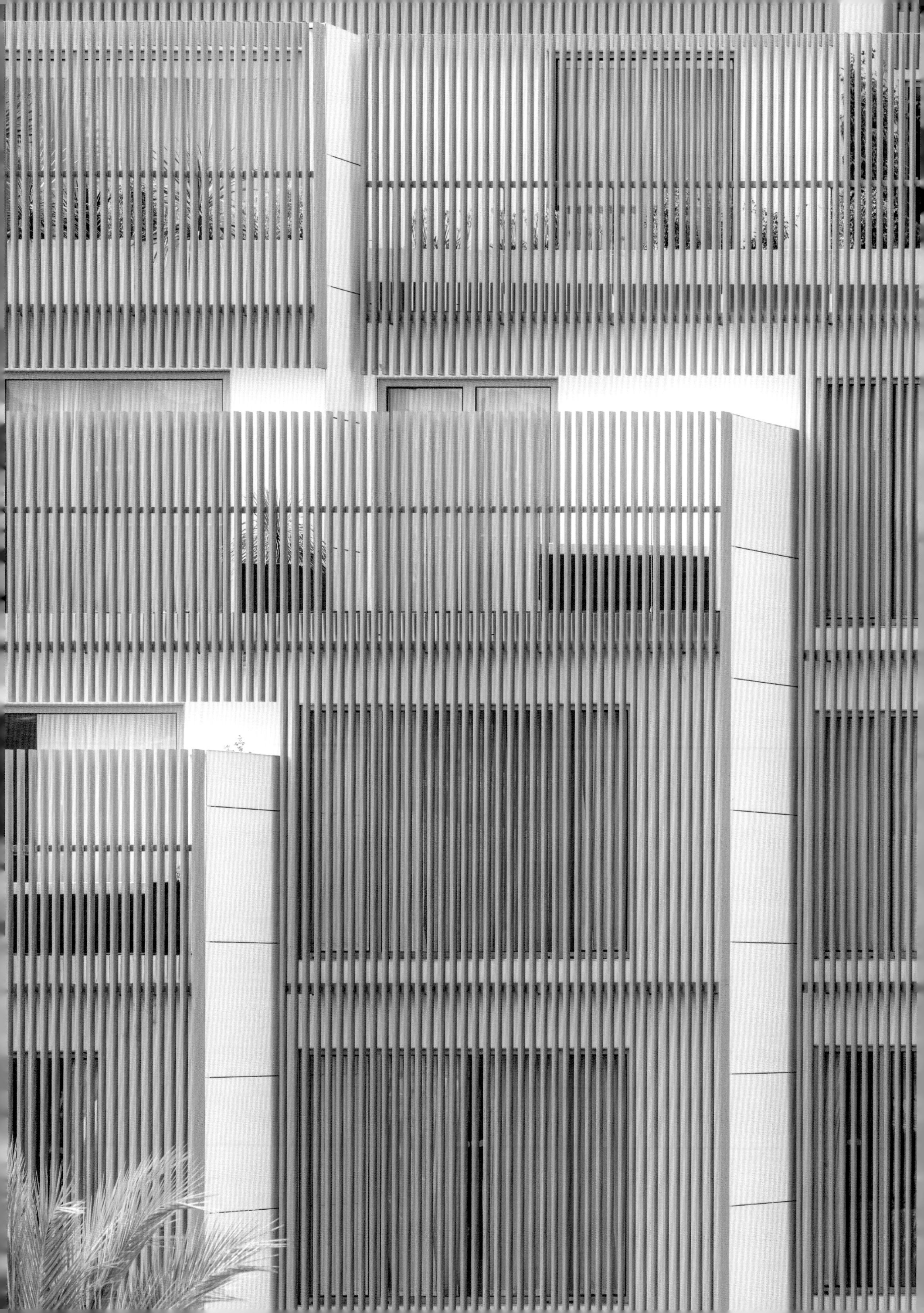

城市中心

伊凯斯特之心
公共机构
木材、混凝土
丹麦，伊凯斯特布兰德市
2018年

该项目毗邻伊凯斯特布兰德国际学校，配有礼堂、多功能厅等。人们对这个项目满怀期待，因为它让学校的设施更加完善，同时以快速发展的伊凯斯特布兰德市为中心，建造了一个新的交汇点。

这座建筑占地面积为3 660平方米，内部空间是开放的。中央大厅设有表演舞台，同时还能起到疏导作用——将人们分散到多功能厅的各个房间。教室在下午和晚上可作为多功能教室或艺术工作室，供社团和夜校使用。同时，建筑内设有咖啡馆、厨房以及零售区，专门出售当地生产的有机食品和盲人制作的手工艺品。

这座建筑以一种全新的方式将教育、社区、运动和娱乐活动结合了起来。从本质上来说，该项目展示了如何将不同用户群体所需要的设施结合到一起。

东立面

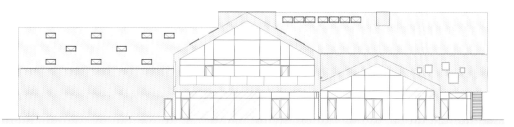

西立面

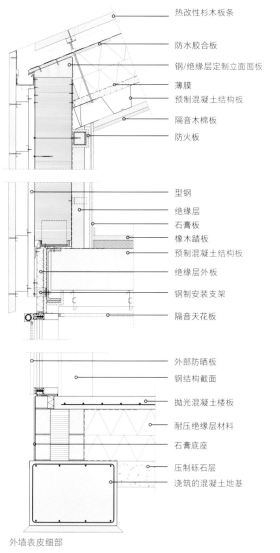

热改性杉木板条

防水胶合板

钢/绝缘层定制立面面板

薄膜
预制混凝土结构板

隔音木棉板

防火板

型钢

绝缘层

石膏板

橡木踏板

预制混凝土结构板

绝缘层外板

钢制安装支架

隔音天花板

外部防晒板

钢结构截面

抛光混凝土楼板

耐压绝缘层材料

石膏底座

压制砾石层

浇筑的混凝土地基

外墙表皮细部

梯田

农作物办公大楼
商业
木材、钢、铝
泰国，曼谷市
2018年

这座办公大楼共有7层，建筑师为这里的用户带来了一种全新的工作体验，特别是"梯田"露台的设计体现了业主公司的经营内容。

由于建筑受到海拔、地形以及不规则的场地边界等诸多因素的限制，建筑师必须实现对空间的高效利用。由于每层的建筑面积都不相同，恰好形成了酷似梯田的层叠式露台结构，成功地将室外的植物景致带进建筑内部，并引入多个功能区之中。

除了建筑本身的功能之外，建筑师还根据泰国的热带气候特点，完成了独特的环境设计，其中包括将竖直的铝制散热片作为建筑内外的连接媒介。此外，每一层"梯田"都是一个自然隔热层，避免建筑直接受热，同时降低了建筑的冷却负荷。如此一来，建筑内部形成了一个微气候环境，以此减轻极端的气候带来的影响。

设计团队打造出了一个与众不同的办公环境，有助于提高办公人员的工作效率，同时，也为周围环境增添了一些绿色空间。

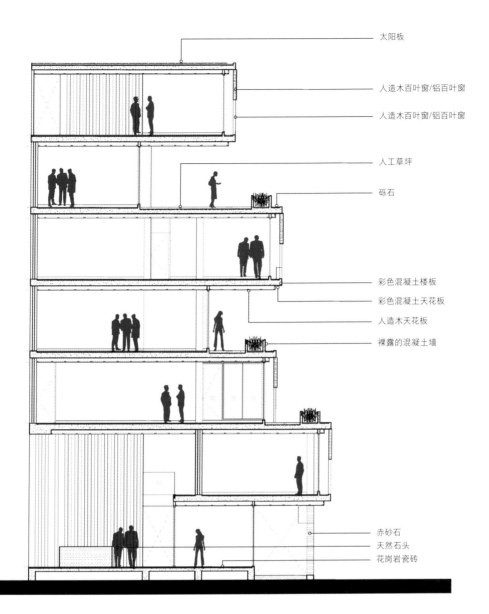

太阳板

人造木百叶窗/铝百叶窗

人造木百叶窗/铝百叶窗

人工草坪

砾石

彩色混凝土楼板

彩色混凝土天花板

人造木天花板

裸露的混凝土墙

赤砂石

天然石头

花岗岩瓷砖

剖面图

凤凰涅槃

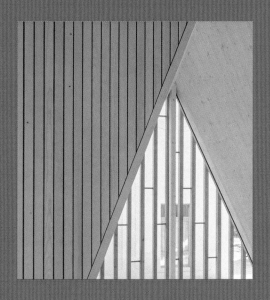

社区多功能厅
公共机构
木材、混凝土、玻璃
瑞士，勒沃镇
2018年

这　座新的多功能厅是为小镇的村民设计并
服务的综合公共设施。该建筑以地面
自然坡度为基础,内部设有大型体育设
施,整体的建筑规模让身处其中的用户感到舒适。
内部的高度符合相关标准化规范;而建筑外部形状
则因地制宜,与环境融为一体。建筑内外的几何形
状并不完全相同。

在这个村庄里,这个多功能厅已经成为一座醒目
的地标性建筑——锯齿状的屋顶形成了多面体的效
果,与学校现有建筑的屋顶遥相呼应,让人感觉屋
顶似乎在学校和周围农田之间摇摆。屋顶上立起的
巨大烟囱,看起来像横跨了整个屋顶,不禁让人联
想起农场或小屋。

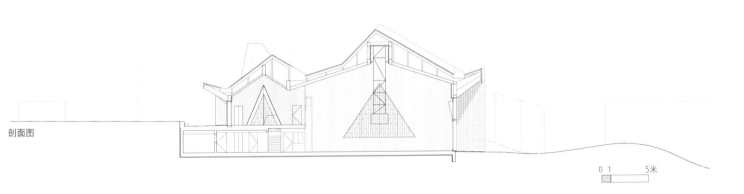

剖面图

0 1   5米

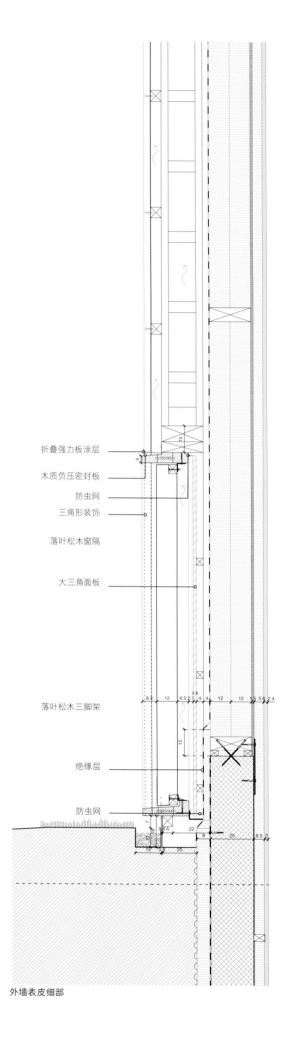

外墙表皮细部

折叠强力板涂层

木质负压密封板

防虫网

三角形装饰

落叶松木窗隔

大三角面板

落叶松木三脚架

绝缘层

防虫网

外墙表皮细部

藏宝箱

斯坦哈特自然历史博物馆
文化
木材、石头、琉璃瓦
以色列，特拉维夫市
2018年

集展览空间和研究空间于一体，斯坦哈特自然历史博物馆成了特拉维夫大学拥有的众多藏品的新家。这些从未展出过的藏品被收集在一个巨大的"木箱子"里——这是一个满是珍贵动植物标本的宝箱。整个建筑将"木箱子"包裹起来，吸引人们前来探索。这个"木箱子"本身质地优良，经得住岁月的侵袭，既有历史气息，又具有现代感。

该建筑位于特拉维夫大学植物园的入口处，它为参观者打开了一条通往植物园的新通道。建筑如同悬浮在地面之上，人们在街上就能看到里面的景象。研究实验室在上层，建筑师为研究人员提供了通往所有藏品室的专用通道，让他们与游客有各自独立的环形通道，而研究人员和参观者最终会在博物馆通道的最高处会合。

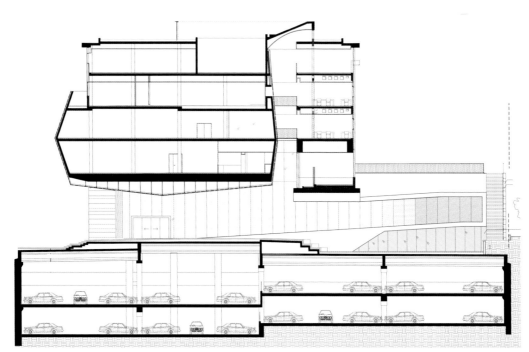

东西向剖面图

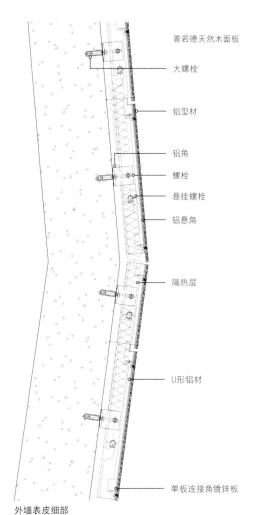

普若德天然木面板

大螺栓

铝型材

铝角
螺栓
悬挂螺栓
铝悬角

隔热层

U形铝材

单板连接角镀锌板

外墙表皮细部

学生的旋律

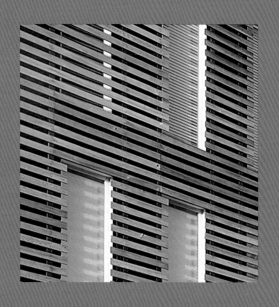

阿肯色州多户住宅
住宅
木材
美国，费耶特维尔市
2017年

这个多户住宅项目位于费耶特维尔市中心，毗邻阿肯色大学，以学生为目标用户。粗犷的阶梯式地形赋予了建筑独特的风格：中心街道把山坡斜分开来，呈现出一个罕见的梯形地块。由于地形的特殊性，该建筑采光充足，并实现了多样化的采光体验。

这座五层公寓建筑由砖、自然风化的雪松幕墙、墙板、纤维水泥板和钢材建成。建筑物两翼之间的庭院是规划好的开放型社区休闲区域。租户俱乐部是一个玻璃亭，位于街区中间。折线形屋顶使入口十分醒目，同时也形成了屋顶平台，让租户可以从户外进入公共或者私人空间。

立面图

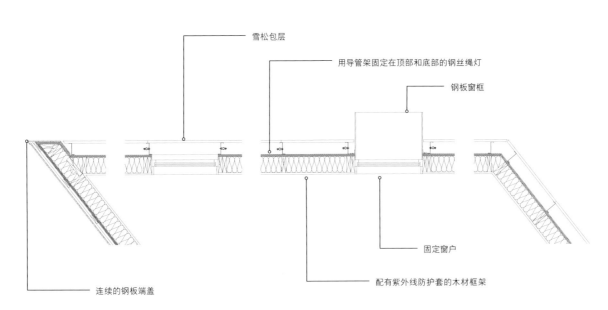

雪松包层

用导管架固定在顶部和底部的钢丝绳灯

钢板窗框

连续的钢板端盖

固定窗户

配有紫外线防护套的木材框架

外墙表皮细部

消失的戏法

霍尔门水上运动中心
文化
木材、钢材、玻璃
挪威，阿斯克尔市
2017年

霍尔门水上运动中心的设计方案旨在保护和强调所在地区的自然特性。这座建筑的设计重点在于让建筑的屋顶变得更加生动，并且使这个运动中心成为霍尔门海滩休闲区的地标性建筑。

这座建筑采用了被动能源技术，主要涉及施工方法、保温材料以及建筑形式。此外，它还强调能源的再利用，尤其体现在对水的加热技术上。整栋建筑安装了650平方米的太阳能电池板，此外还配有15口深地热井，以从地下基岩获取热能，同时在夏季能将多余的热量传导至地下。斜坡式草坪屋顶朝南，形成开阔视野，可以一览奥斯陆峡湾的岛屿和礁石。

霍尔门水上运动中心是挪威在能源利用方面目前做得最好的运动场馆之一。

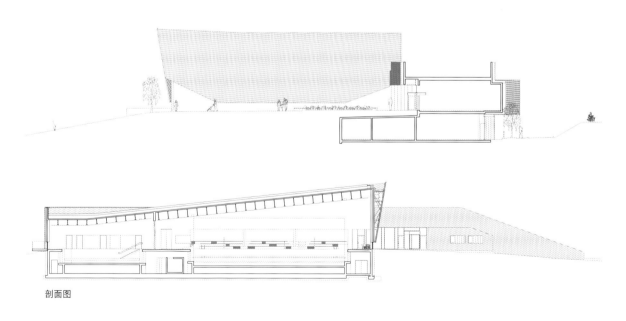

剖面图

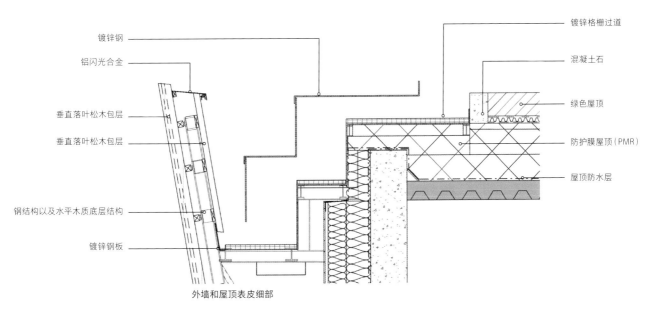

镀锌钢

铝闪光合金

垂直落叶松木包层

垂直落叶松木包层

钢结构以及水平木质底层结构

镀锌钢板

镀锌格栅过道

混凝土石

绿色屋顶

防护膜屋顶（PMR）

屋顶防水层

外墙和屋顶表皮细部

油然而生

Impluvium社区中心
文化
木材、混凝土、玻璃
西班牙，桑坦德市
2016年

mpluvium社区中心曾经是一个热闹的市场，但是被一场大火烧毁了。建筑师重新利用了旧市场留下的石块，还采用了由钢和层压板木组成的混合预制组件。这些组件在工厂进行设计、生产，最后到现场组装。

建筑的屋顶上涂有锌层，以使雨水和积雪流向内部庭院。夹层则"悬挂"在主体结构上，形成一块私密的区域。室内空间采用流线型平面布局，自然光穿过建筑立面的木头格栅照射进来，为室内提供了良好的采光。同时，这栋建筑还有一条玻璃走廊。

建成后，Impluvium社区中心以其独特的形状和清晰的轮廓成为该地区的标志性建筑，并成为当地民众的庇护之所和文化、休闲空间。

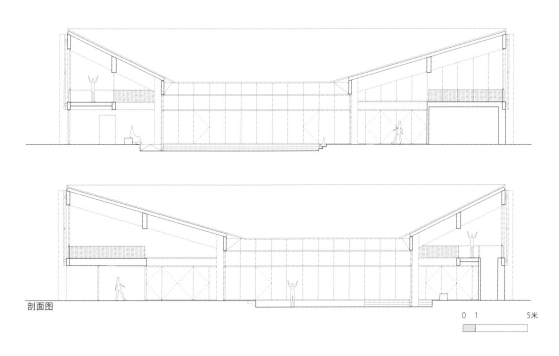

剖面图

0   1   5米

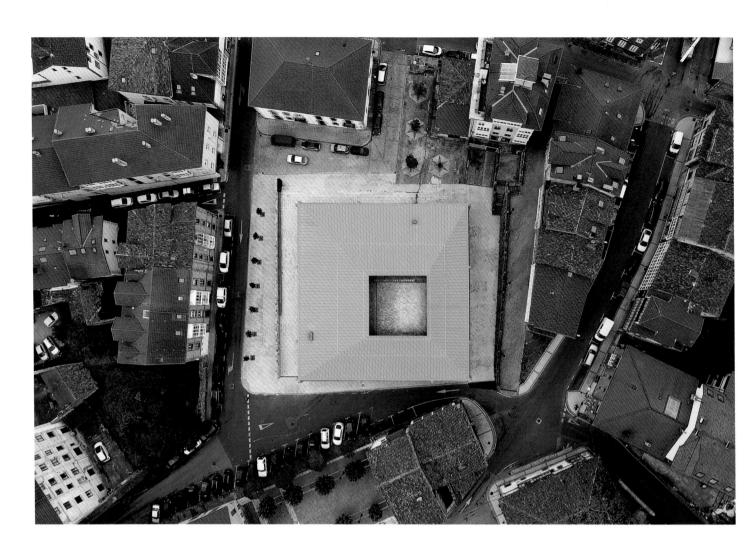

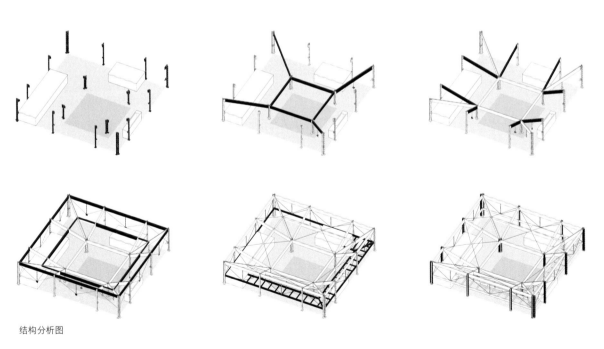

结构分析图

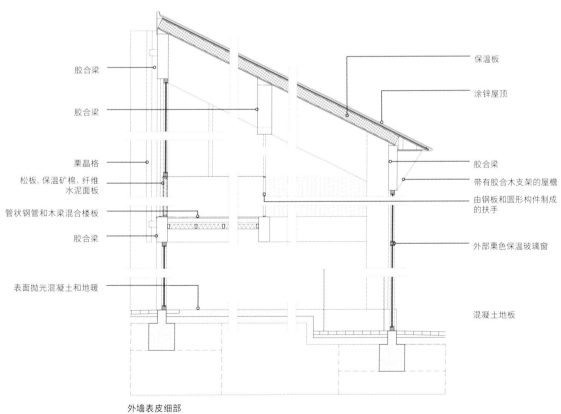

胶合梁

胶合梁

栗晶格

松板、保温矿棉、纤维
水泥面板

管状钢管和木梁混合楼板

胶合梁

表面抛光混凝土和地暖

保温板

涂锌屋顶

胶合梁

带有胶合木支架的屋檐

由钢板和圆形构件制成
的扶手

外部栗色保温玻璃窗

混凝土地板

外墙表皮细部

公共教育

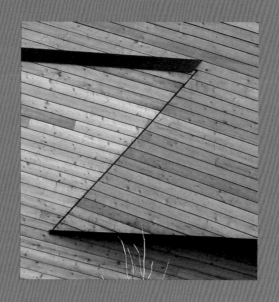

奥格登中心
公共机构
木材、混凝土、玻璃
英国，杜伦市
2017年

这座建筑位于英国杜伦市，紧邻杜伦大学物理系教学楼，建筑面积为2 478平方米，供学生、研究人员、技术支持人员和访问学者使用，是一栋研究型建筑。建筑师以连续、堆叠、交错为理念，围绕着中庭创造了一处适合研究人员交流、互动、共享的工作空间。建筑外表皮以苏格兰落叶松木制成的通风挡板包覆，立面被水平开口及户外平台切割成数个部分，为建筑外围区域带来充足的自然光和宽阔的景观视野。

室内采用灰色混凝土柱和天花板搭配温暖的木质地板和磨砂玻璃。办公室布置在中庭周围，使每个房间都有良好的自然通风和采光。此外，天窗将更多的阳光引到中庭。宽敞的屋顶露台为临时会议提供了足够的空间，用户可以呼吸到新鲜空气，放松身心。天窗将光线引入中庭和会议区域，最终呈现出来的是一个灵活的公共空间。

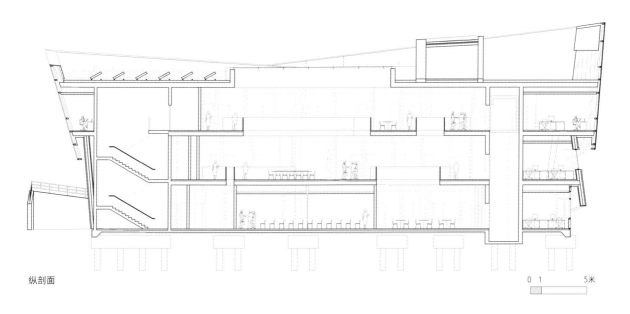

纵剖面

0 1   5米

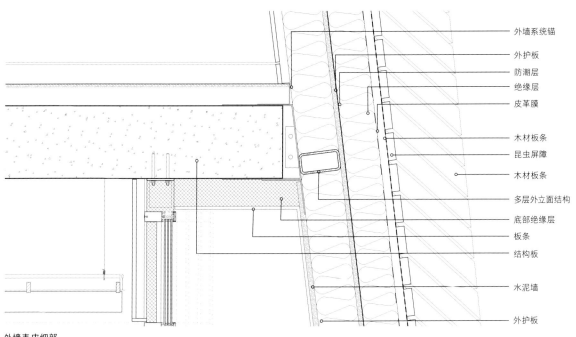

外墙系统锚
外护板
防潮层
绝缘层
皮革膜
木材板条
昆虫屏障
木材板条
多层外立面结构
底部绝缘层
板条
结构板
水泥墙
外护板

外墙表皮细部

意大利制造

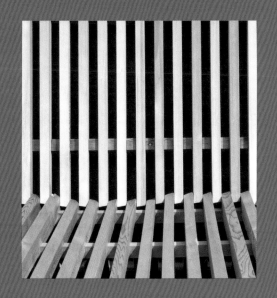

伯鲁蒂制造：工厂和开发中心
工业
木材、石头、钢材、玻璃
意大利，费拉拉市
2016年

这栋建筑的设计理念是抹掉工业、技术和基础设施等特征，同时赋予建筑外围结构更多的动感和活力。由于该地区存在重大地震风险，所以建筑师为建筑做了抗震加固，尽管如此，从建筑物外面却看不见任何技术或者机械装置。建筑的很多细节充分体现了建筑师的智慧。

木头是该建筑的主要材料，随着时间的推移，建筑的立面会呈现出古铜色。同时，原生的红杉木木板有规律地排布在建筑侧面，既起到了遮阳的作用，也与建筑的主立面形成了鲜明对比。主立面光滑平整，玻璃板和原生红杉木木板交替使用，让主立面变得生动。红杉木木板可以打开，实现自然通风。

该建筑非常注重可持续性和用户的舒适度，尤其在自然通风与采光方面。同时，建筑还充分利用自然资源，如应用太阳能装置来控制能耗。

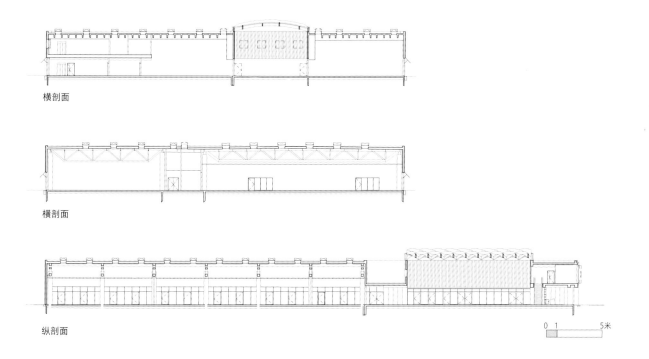

横剖面

横剖面

纵剖面

0 1　　　5米

顶部表层

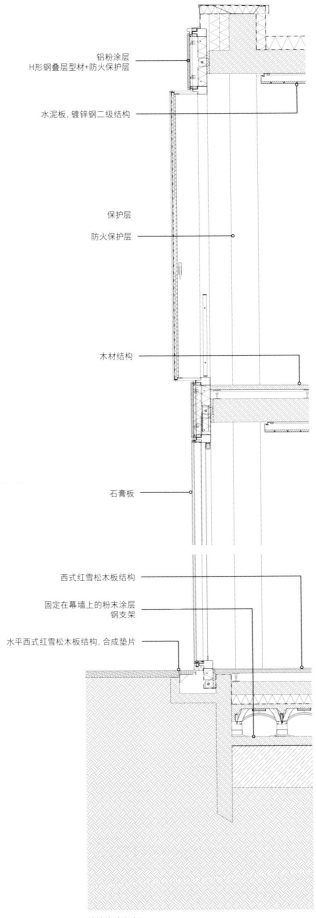

铝粉涂层
H形钢叠层型材+防火保护层

水泥板,镀锌钢二级结构

保护层
防火保护层

木材结构

石膏板

西式红雪松木板结构

固定在幕墙上的粉末涂层
钢支架

水平西式红雪松木板结构,合成垫片

外墙表皮细部

塞翁失马，焉知非福

萨拉曼卡市健身房
文化
木材、钢材、混凝土
智利，萨拉曼卡市
2016年

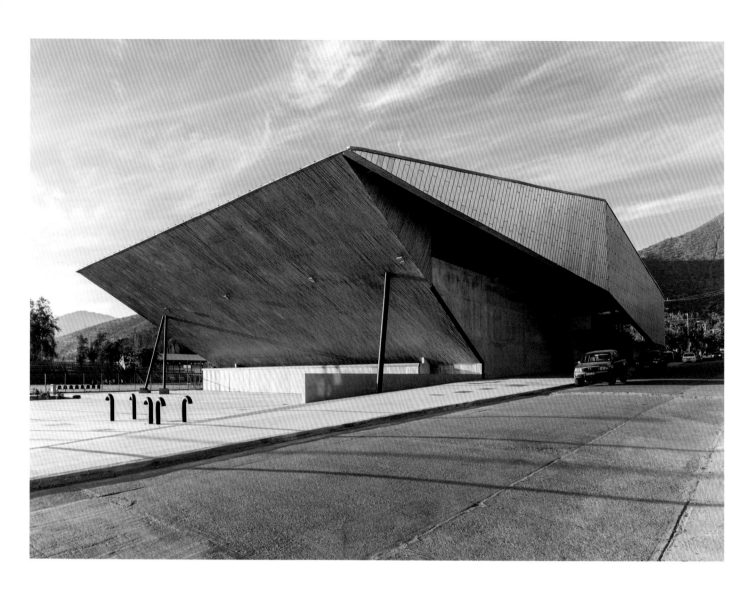

该 项目紧邻山坡，地理位置特殊。这里原有一座旧体育馆，旁边是一个足球场和一处废弃的泳池。此前这些都是私人财产，彼此间拥有封闭式的隔断。因此，这里的场地连续性不佳，每栋建筑在交界处彼此分离，形成几个小型的废弃空间。

后来，整片场地都转为公有财产，空间隔断可以拆除，这可谓是一次很好的改造机会。政府专门公开征集设计方案。中标的萨拉曼卡市健身馆设计方案以增建的几何体块代替了原有围墙，激活了原有的分隔空间，营造出多用途的空间体系。其中北立面是接收到日光最多的地方，这里设有健身房、咖啡厅和行政办公室。

该建筑并没有遵循传统结构优化原则（直接把力传导至地面），而是基于不同材料的力传导结果：从木头到钢筋，从钢筋到混凝土，力最终被传导到地面和地基处。同时，建筑师还通过"飘浮"的碎片结构营造出震撼的视觉效果。

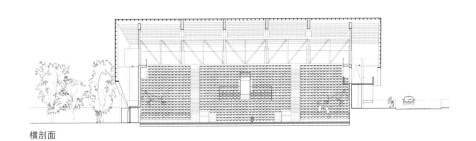

横剖面

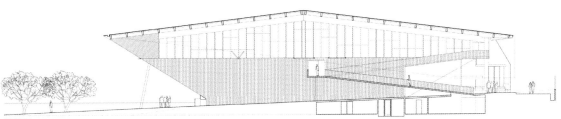

纵剖面

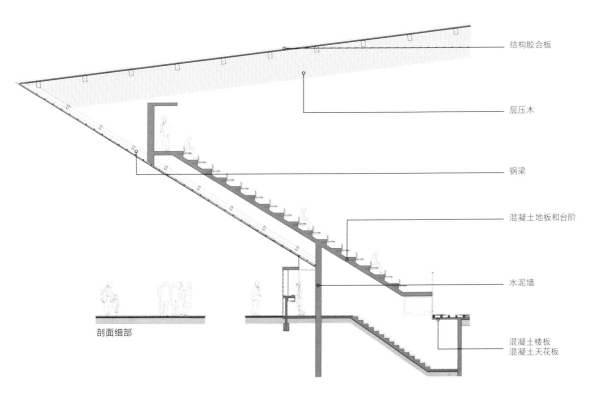

结构胶合板

层压木

钢梁

混凝土地板和台阶

水泥墙

混凝土楼板
混凝土天花板

剖面细部

项目信息表

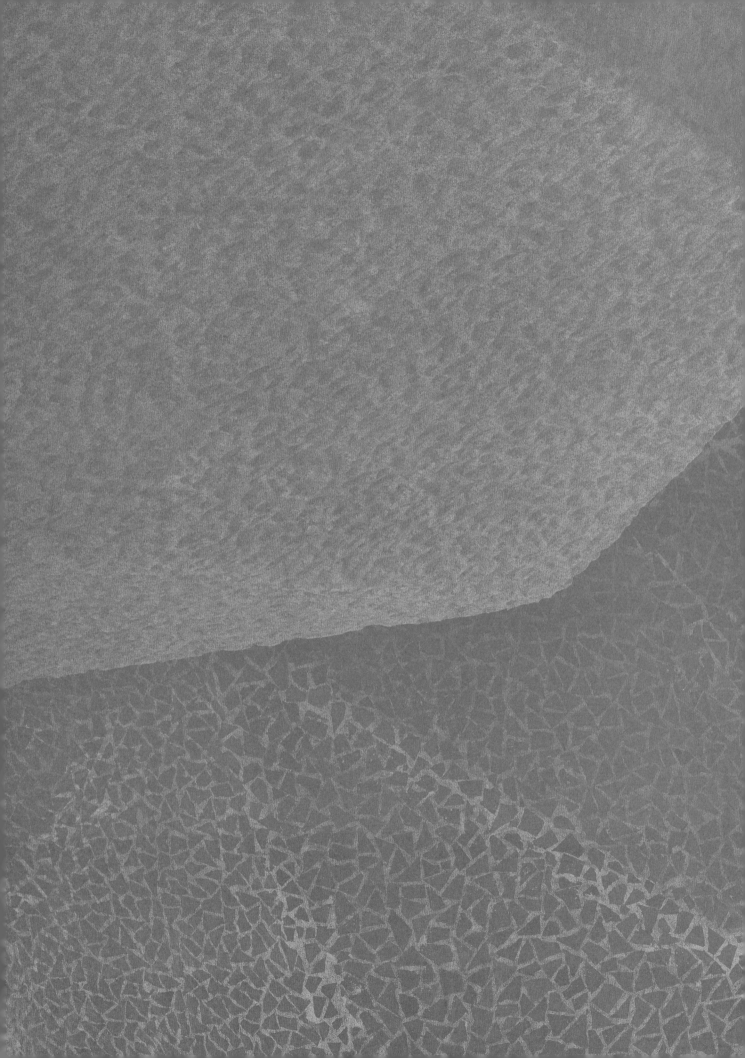